AI 2.0 時代
的新商業思維

**透析 AI 運作原理，賦能 AI 數位即戰力，
打造產業再升級的智慧應用**

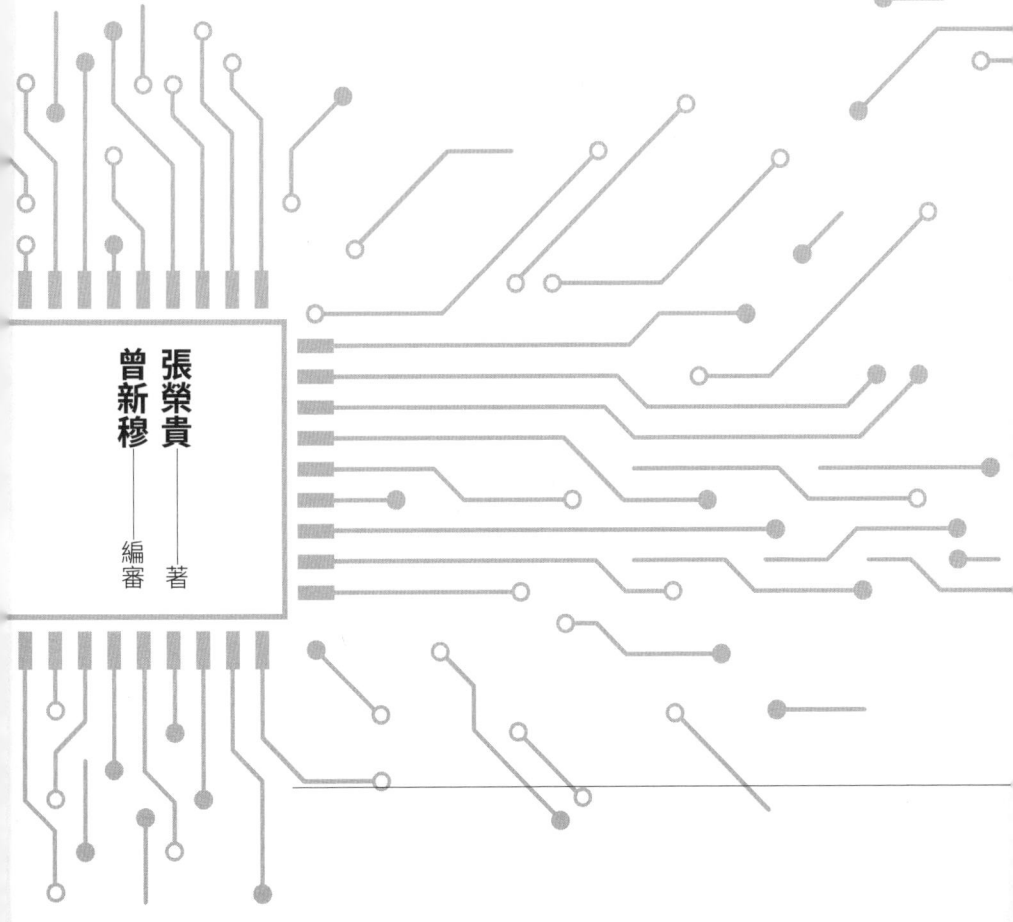

張榮貴 著
曾新穆 編審

目錄

各界推薦	打造一把開啟智慧新時代的鑰匙　呂正華　5
	將 AI 技術推展到產業的尖兵　余孝先　6
	推動生成式 AI 發展的先行者　邱月香　7
	進入對話商務的 AI 2.0 新時代　許輝煌　8
	善用 AI 創造新的營運模式　曾國棟　9
	AI 崛起讓產業界重新認識軟體價值　廖弘源　10
	七大思維學會做 AI、用 AI、管 AI　簡禎富　11
	產官學研專業推薦　12
作者序	ChatGPT 世代必知的 AI 思維 2.0　張榮貴　13
導　　讀	達成理想數位轉型指南　曾新穆　17

PART 1　AI 發展大躍進
——掀起 AI 2.0 的四波大浪潮

第 一 章	ChatGPT 點燃全球 AI 新風潮　24
第 二 章	核爆級 AI 的發展啟示　51
第 三 章	AI 2.0 世代的機遇與挑戰　90
第 四 章	AI 2.0 世代下的數位轉型思維　112

PART 2 數據思維為主
——激活數據改用創造新商模

第 五 章 ｜ 造就 AI 的三大關鍵要素　134
第 六 章 ｜ 數位轉型從建立「數據思維」開始　155
第 七 章 ｜ 另類的 AI 學習思維　179

PART 3 從 TAMAM 模型看懂 AI 技術全貌
——非專業人士必學溝通語言

第 八 章 ｜ 以 TAMAM 模型建立 AI 技術思維　212
第 九 章 ｜ 從 TAMAM 模型看懂 AI 智慧應用　250

PART 4 建立可信任的 AI 治理
——不被 AI 反噬，找到自己位置

第 十 章 ｜ 導入 AI 工程必備的 AI 管理思維　282
第十一章 ｜ AI 可信任嗎？　318
第十二章 ｜ AI 2.0 職能大變革　341

謝　詞　榮貴致謝　363

各界推薦

打造一把開啟智慧新時代的鑰匙

呂正華／數位發展部數位產業署署長

人工智慧（AI）技術無疑是驅動產業變革的核心力量。自訂立「產業AI化、AI產業化」的發展方向後，行政院也於2023年3月核定「臺灣AI行動計畫2.0」，由數位產業署致力推動AI相關政策與措施，培育AI人才並支持AI創新企業，建構完善的AI產業生態系。

然而，懂AI技術的人，不一定了解產業需求；而熟悉產業的人，又往往對AI技術感到陌生，往往成為推動AI技術落地障礙。張榮貴博士長期推動AI技術發展及應用，本書正是基於此一初衷，深入淺出地為產業人士提供AI 2.0時代的技術入門與思維指南。

進入AI 2.0時代的思維，並非僅是掌握AI技術名詞，而是對AI技術本質、發展歷程、應用場景以及對社會的影響有更深入了解，並強調「人」在AI時代的重要性。因為AI的技術再強大，也需要人的智慧來引導，才能找到更優化的解決方案。

張榮貴博士的這本書，不僅適合想要了解AI的初學者，更適合希望將AI應用於實際業務的產業人士，為讀者提供一把開啟智慧新時代的鑰匙，將臺灣打造為AI創新與服務的領先國家！

將 AI 技術推展到產業的尖兵

余孝先／工業技術研究院總營運長

　　AI 教父辛頓（Geoffrey Hinton）曾在一份宣言中提到：「減少 AI 帶來的人類滅絕風險，應該與減少大流行病和核子戰爭等風險同樣視為全球的首要任務。」另一位圖靈獎得主、AI 卷積網路之父楊立昆（Yann LeCun）則說：「請冷靜！具有人類程度的 AI 尚未到來。當它來臨時，也不會想要支配人類。」兩位大師對 AI 將為人類帶來的風險有著截然不同的看法，但都認同 AI 後續發展的影響是巨大的。

　　我個人似乎是台灣第一個在博士論文中研究類神經網路的人，三十多來見證數次 AI 的起伏興衰。2015 年，我看到 AI 機會再起，提出「產業 AI 化」、「AI 產業化」、「AI 平民化」三大策略，並多方提倡宣講。前兩者後來成為政府的政策，很高興後者在這波生成式 AI 的浪潮中也將實現。

　　老友張榮貴董事長是將 AI 技術推展到產業的尖兵。他觀察到 AI 技術專家與企業人員之間的共通知識太少，很難相互溝通與理解，於是撰寫本書，一方面提供 AI 發展的基本知識，另一方面也建議各行各業可以運用何種思維模式來導入 AI 2.0。衷心希望本書能幫助更多企業獲益於 AI。

推動生成式 AI 發展的先行者

邱月香／全球數位產業聯盟協進會理事長

欣喜《AI 2.0 時代的新商業思維》付梓出版，這本書以淺顯易懂的方式帶領讀者洞悉人工智慧領域的變革發展，並且把理工人才會懂的艱澀 AI 數據思維，以清晰易懂的文字呈現，張榮貴可以說是我國生成式 AI 的先行者。

榮貴一頭栽進人工智能，我應該是始作俑者。2017 年，我當選中華民國資訊軟體協會第十四屆理事長，當時台灣產業尚對 AI 一知半解，資訊服務業也未投入該領域，我邀請榮貴承擔起推動 AI 發展的重責大任，成立「AI 大數據智慧應用促進會」，由榮貴擔任促進會會長。現今看來，這個構想的遠見，也為我國近年來的產業發展立下了基礎。

回想榮貴接下會長後，馬不停蹄地拜會與 AI 相關的組織或個人，並協助政府推動「AI 產業化，產業 AI 化」的發展策略。如今，看到台灣 AI 領域的成果，深感欣喜。

榮貴在 AI 的投入與用心，我也深感佩服。他攻讀淡江大學資訊工程學系博士學位，專攻 AI 的產業應用，也成立公司，全方面發展生成式 AI 客服系統。近期在我的牽線下，與日本企業簽署合作備忘錄，也為台日 AI 業務合作開創新的里程碑。

進入對話商務的 AI 2.0 新時代

許輝煌／淡江大學 學術副校長

　　AI 正以驚人的速度推動著全球產業的變革，並逐步滲透到我們日常的生活中。張榮貴博士所撰寫的《AI 2.0 時代的新商業思維》一書，正是為了幫助讀者，尤其是產業人士，深入理解應有的 AI 思維，並將其應用於實際場景中而撰寫的。

　　透過探討 ChatGPT 的誕生及其引發的全球 AI 風潮，張博士引導我們進入對話商務的新時代，並對於大數據、演算法和運算力這三大 AI 2.0 時代的關鍵要素深入剖析，闡述了數據思維在 AI 數位轉型中的核心作用。

　　在這個 AI 革命的時代，人人都無法置身事外。個人認為，擁抱 AI、了解 AI 才是面對 AI 應有的態度。一個人可以不懂 AI 的學理和技術，但一定要學習善用最新的 AI 科技，來提升工作效率和生活品質。

　　作為張榮貴博士的博士論文指導教授，我見證了他在學術與產業領域的卓越成就。他以豐富的實務經驗和對 AI 技術的深刻理解，撰寫了這本兼顧入門介紹與實踐指引的書籍。相信這本書將成為產業人士了解 AI、掌握 AI 思維的寶貴指南；也將啟發每一位讀者，讓我們在這個 AI 革命的時代中，不僅能夠掌握技術，更能夠利用 AI 2.0 思維來開創全新的未來。

善用 AI 創造新的營運模式

曾國棟／中華經營智慧分享協會 理事長

MISA 智享會張榮貴院士是 AI 應用的先驅者，早期創業的程曦資訊以聊天機器人（Chatbot）處理煩雜的客服問題；2018 年成立的 Ai3 公司，更是專門以 AI 技術處理 CRM 問題。這次他願意將 AI 的知識及應用整理成書，實在是讀者的福氣。

AI 2.0 時代來臨了，不管你喜不喜歡，它已影響你的一切。我雖年過七十，也好奇地用 ChatGPT 寫了一封結婚 45 週年紀念信給太太，並將之轉成詩詞，進一步譜成合唱歌曲；也嘗試用 ChatGPT 為 MISA 課程命名，它提供了很多從未想過的字眼，就像是跟很多幹部一起腦力激盪。

在讚嘆科技的力量之餘，我也極力要求同仁重視 AI 並完成了很多相關的應用，效率大幅提升。

AI 很重要，但目前坊間書籍大都偏向技術探討，不容易了解其全貌。誠如作者自述撰寫本書的原動力，來自於「如何讓非技術或非資訊背景的產業人士，能夠了解 AI 的思維、本質、特性、方法，進而能夠思考運用 AI 來提升效率或創新商模。」

相信這本書的問世，可以協助產業人加速進入 AI 2.0 時代。好好閱讀這本書，一定會對 AI 知識及應用豁然開朗，進而採取行動，跟上 AI 2.0 時代，祝福你收獲滿滿。

AI 崛起讓產業界重新認識軟體價值

廖弘源／中央研究院資訊科學研究所所長

台灣的軟體實力長期被忽視是一個事實,好在 AI 的崛起創造了一個無與倫比的契機。多年來,榮貴兄在軟協推動 AI 產業化,也希望透過 AI 的快速發展讓產業界重新認識軟體的價值。

我的研究領域是電腦視覺、影像／視訊處理,2018 年因緣際會在科技部(現國科會)引導下,與義隆電子針對「智慧交通」議題執行一個四年期的 AI 專案,規劃在桃園機場附近連續五個路口,裝置 360° 魚眼攝影機,以電腦視覺技術擷取路口 80 公尺縱深的交通參數;另以四支槍型攝影機擷取路口四個延伸方向的交通參數,路口間交通參數擷取後要能互相傳達,並動態控制交通號誌,以解決機場交通壅塞的問題。

利用 AI 解決交通問題,是一項偏重研發的工作。義隆電子以硬體研發為主,而我的團隊則是要想辦法開發出既快又準又輕的物件偵測系統,讓「端」的交通參數擷取順利完成。

這是一個利用軟體取代大部份硬體功能的好例子,大型外商要用 128 顆 TPU 算力才能順利執行的運算,台灣團隊只用了 8 顆 V100 即達成。以上例子告訴我們,AI 時代的算力需求非常大,搭配良好的軟體可使得算力需求大為降低,品質顯著提升。

在此藉著新書問世,萬分期盼一直以來都在為台灣軟體業發聲的榮貴兄,願望能因 AI 的蓬勃發展而順利達成。

七大思維學會做 AI、用 AI、管 AI

簡禎富／清華大學講座教授兼執行副校長

人工智慧（AI）技術，迅速改變著人類的生活模式，更深遠影響了產業結構的演化速度。我投入半導體業的智慧製造，提出「工業 3.5」的混合策略，有幸與本書作者張榮貴會長及許多產官學研先進一起為台灣產業升級而努力。

2018 年，我擔任人工智慧製造系統（AIMS）研究中心主任，領導跨校跨領域團隊；榮貴兄擔任軟協的 AI 大數據智慧應用促進會會長，一起推動「AI 產業化、產業 AI 化」。共事期間，我看到榮貴兄將 AI 技術與應用觀念帶給產業的遠見卓識，之後也邀請他在東吳大學 EMBA 合開「藍湖策略與數位轉型」課程，教學相長讓我獲益良多。

非常高興榮貴兄將長期推動 AI 的經驗，凝鍊出這一本解析 AI 技術應用的大作。書中深入淺出地解釋了 AI 技術在零售、金融、服務和醫療等不同領域，如何助力產業升級與轉型，也從歷史、數據、學習、技術、管理、應用、轉型——AI 2.0 時代的七大思維，告訴一般產業人員如何「做 AI、用 AI、管 AI」。

非常榮幸推薦這本 AI 2.0 時代必讀的書籍，它適合所有希望了解 AI 轉型與未來產業趨勢的專業人士。我衷心期盼所有關心未來、想在 AI 時代中逐夢的朋友們，透過本書的洞察，器識拓展視野，行勝於言迎接挑戰，厚德載物創造無限可能。

產官學研專業推薦

數位發展部
　黃彥男 數位發展部 部長
　胡貝蒂 數位發展部 主任秘書
　呂正華 數位發展部 數位產業署 署長
　林俊秀 數位發展部 數位產業署 副署長

經濟部
　郭智輝 經濟部 部長
　楊志清 經濟部 產業發展署 署長
　邱求慧 經濟部 產業技術司 司長

學術界
　許輝煌 淡江大學 學術副校長
　郭耀煌 成功大學 副校長
　簡禎富 清華大學 執行副校長
　廖弘源 中央研究院資訊科學研究所所長

產業協會
　余孝先 工研院 總營運長
　邱月香 全球數位產業聯盟協進會 理事長
　沈柏延 中華資訊軟體協會 理事長
　卓政宏 資策會 執行長
　曾國棟 中華經營智慧分享協會 理事長

作者序

ChatGPT 世代必知的 AI 思維 2.0

AI 熱潮觸動產業變革，衝擊著每個人，人的職能也因此被迫改變，面對 AI，我們應如何看待 AI，學習 AI 呢？

2017 年政府推動 AI，提出「產業 AI 化、AI 產業化」，才短短幾年已經落實到產業，應用 AI 來提升作業效率，AI 產業亦已形成。但也因為 AI 應用發展影響層面廣大，開始在資安、隱私、公平、歧視、倫理、道德及安全層面上逐現問題。AI 治理成為議題，AI 也需要受約束，為 AI 應用建立規範，確保 AI 為服務人類而生。

2017 年中華軟協成立 AI 大數據智慧應用促進會，榮貴擔

任會長，開始 AI 推動之旅，與政府機關、公協會、企業、研究機構及學校互動，了解產業需求、政府推力、學研能量，這三股力量合作促使產業快速成長。在實務推動過程也看到最根本的問題，懂 AI 的技術團隊與產業人員之間的認知差距極大，很難相互溝通與理解。因此如何讓非技術或非資訊背景的產業人士，能夠了解 AI 的思維、本質、特性、方法，進而思考運用 AI 來提升效率或創新商模，強化產業發展的力道，成為我撰寫這本書的主要動力。

AI 並非技術人員的專屬，而是一種推動產業轉型變革的科技力量與思維解放，每個人都要了解 AI，正如現代人要學會開車，但不需要學會製造汽車。我們需要建構對 AI 的整體認識，在 AI 應用發展過程，能協助定義問題、描述問題、準備資料及跟 AI 技術團隊溝通，而不一定要學會做 AI 的艱深技術，這是本書的最大目的。

希望本書能成為產業人士認識 AI 技術的基礎概念書、思維書，以及想學習 AI 人士的 AI 學習地圖，從技術背後看到思維，發揮思維力量學習技術，為產業做出貢獻。本書共有十二章，並以一張 AI 商業思維體系圖來表示其關係，閱讀本書不需要具備任何背景與先修知識，以日常經驗就可以閱讀與學習 AI。內容涵蓋 AI 發展、AI1.0 及 AI2.0 技術與商業應用所

需要的思維與觀念。這裡我要提出，一般談思維大都指的是 Thinking，而我認為不只如此，應該是指 Mindset。唯有思維（Mindset）改變，才能有新視角來看 AI 世代的新思維。以下說明本書各章節表達的四大主要內容：

一、從 AI 歷史看思維本質與 AI 觸動數位轉型

從 AI 發展歷史軌跡看到的啟示與人類具有偉大思維力量，正是這股思維力量造就技術應用發展力道。科技發展朝以人為本進展，科技進展也促使產業數位轉型，而轉型背後正是 AI 技術的推波助瀾。撰述內文包含第一章、第二章、第三章、第四章。

二、數據思維與學習思維

大數據、演算法、運算力三道力量的齊發，造就 AI 發展環境，數據背後的數據思維才是轉型的力量，學習技術基於的學習思維才是應用發展動力，一起來認識數據分析與機器學習的背後精神。撰述內文包含第五章、第六章、第七章。

三、人工智慧技術思維

介紹 AI 技術的構成與層次，以 TAMAM 架構來看 AI 技

術全貌，分層次來認識 AI，是產業人士學習 AI 的有利工具。也透過 AI 應用案例解析，以 TAMAM 架構來理解 AI 科技的應用方法。撰述內文包含第八章、第九章。

四、人工智慧的治理與影響

說明如何讓 AI 技術能落地與生根於產業的 AI 管理思維，以及 AI 科技產生負面影響解決方案的 AI 治理，也介紹台灣與國際 AI 法規的趨勢發展。最後提出 AI 對職能變革的觀察，並建構一個 AI 對職能影響的三大效應，讓大家看清問題本質與因應之道。撰述內文包含第十章、第十一章、第十二章。

本書提出 AI 的歷史思維、數據思維、學習思維、技術思維、管理思維、應用思維、轉型思維，來涵蓋做 AI、用 AI、管 AI 的基礎概念建構，期望本書能夠帶給大家對於 AI 的正確認識與啟發思維的力量，開啟我們更寬廣的思維，關心產業發展，專注產業脈動，感受未來來到的加速。AI 會持續發揮力量與進步，期待 AI 科技對人類帶來更多福祉，也期待本書對於 AI 思維的介紹，讓您對於未來科技發展都能正確認識與應用自如。

謹書於 2024.7.20

導讀

達成理想數位轉型指南

國立陽明交通大學資訊工程學系講座教授　曾新穆

　　近年來掀起了一股 AI 之熱潮,從 AlphaGo 打敗人類圍棋棋王,到 ChatGPT 等生成式 AI 的橫空問世,各種 AI 的相關構想與應用也在各領域產生鋪天蓋地的影響!在此同時,全球各大企業亦朝向數位轉型發展,而個人亦都尋思著 AI 對職場所帶來的變革影響,亦亟欲探索在此 AI 時代所需具備的能力與思維。

　　追尋時間的洪流,今日 AI 的爆炸性發展事實上是有跡可循的:從早期類神經網路(Neural Networks)的初始理論,到資料探勘(Data Mining)、大數據分析(Big Data Analytics)、深度學習(Deep Learning)一直到大型語言模型(Large Language Model)以及生成式 AI(Generative AI)等等的發

展，都是經過長時間逐步匯聚而成的。在此快速發展的 AI 洪流下，對於企業或個人最關鍵的是必須能夠掌握各面向的核心思維，才能掌握先機及趨勢，不隨波逐流。

坊間探討 AI 的書籍五花八門，但能夠由 AI 思維角度切入者則相當稀少。很高興看到本書的付梓，也非常高興擔任此書之編審。榮貴兄學識與產業經驗俱豐，透由本書深入剖析了 AI 及數位轉型的核心面向及其關鍵思維，正可作為 AI 世代下對於 AI 思維修養之指引。正如榮貴兄在其序言中所提：「一般談思維大都指的是 Thinking，而我認為不只如此，應該是指 Mindset。唯有思維（Mindset）改變，才能從未有的角度看事情，才符合 AI 世代的思維。」

本書內容深入淺出，適合各種背景之讀者；全書共有十二章，結構上包含多個重要面向，內容含括 AI 發展史（第一、二章）、AI 世代的趨勢與挑戰（第三章）、數位轉型思維（第四章）、AI 關鍵要素（第五章）、數據思維（第六章）、學習思維（第七章）、TAMAM 模型及 AI 之技術／應用思維（第八、九章）、AI 管理思維（第十章）、AI 治理（第十一章）、職能變革與產業變革（第十二章）等主題。各章內容除包含精闢的闡述介紹，並輔以示例或實際案例，易於讀者理解吸收。

讀者對於本書可循序閱讀，逐步獲得全貌；但事實上本書

各面向亦具其獨立性，讀者也可靈活運用，就最有興趣／需求部分先行閱讀，再交叉閱讀其他章節綜合歸納。例如，對於想快速了解 AI 技術的概要與特性者，就可以先閱讀第五章了解 AI 關鍵要素之基本概念，再延伸至第六與第七章（數據思維與學習思維），更進一步則可深入至第八、九章（TAMAM 模型及 AI 之技術／應用思維）；而對於 AI 管理及治理面向特別關注者，則可由第十至第十二章切入。另外，本書非常具有特色之一為第八章中所提出的 AI 技術架構 TAMAM，即「AI 技術（Technology）→ AI 算法（Algorithm）→ AI 方法（Methodology）→ AI 能力（Ability）→ AI 應用模型（Module）」，並於第九章中針對行銷、製造、農業、醫療、交通、服務、教育、安控、金融等領域，以及交通流量預測、音樂推薦系統、自然語言處理、電腦視覺等主題，帶領讀者認識及看懂各領域的 AI 智慧應用。

在此 AI 世代，祝大家無論從個人或企業角度，都能透由本書對於 AI 的發展歷程、關鍵要素以及趨勢／挑戰等有更深入的了解與掌握，同時對於數據思維及學習思維亦能提升至更高的層次，成功的達成理想中的數位轉型！

謹書於 2024.8.20

AI 商業思維體系圖

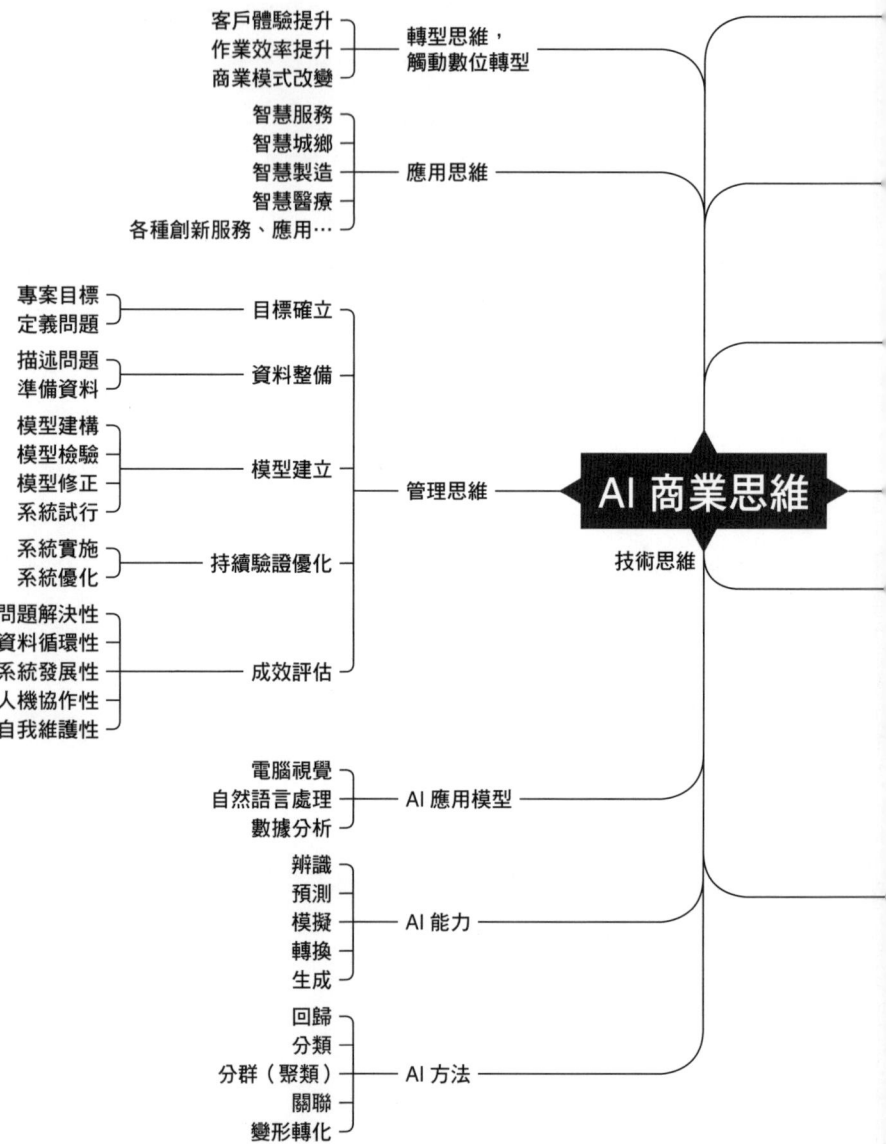

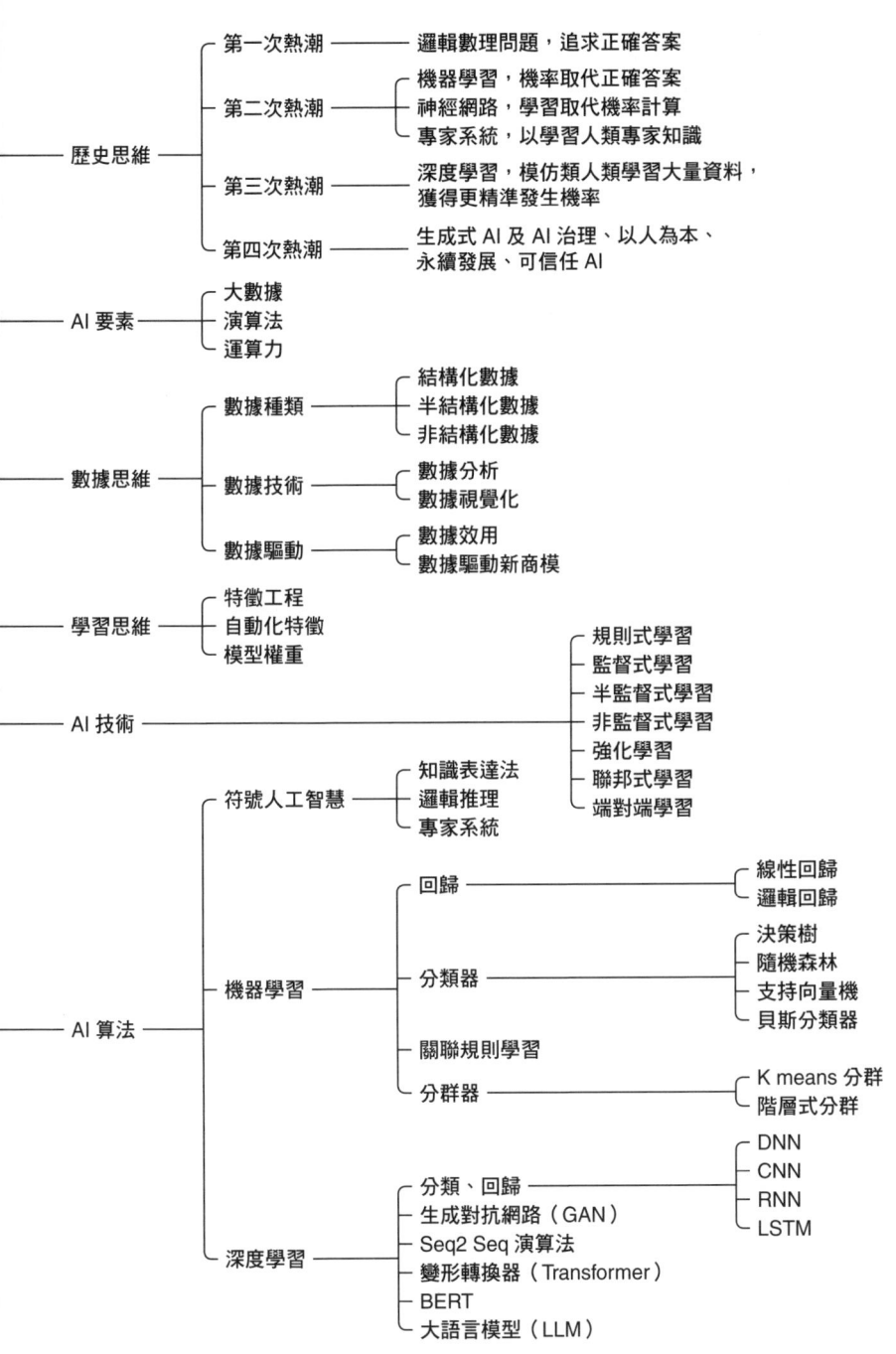

Part **1**

AI 發展大躍進
──掀起 AI 2.0 的四波大浪潮

第一章

ChatGPT 點燃全球 AI 新風潮

你是否曾絞盡腦汁,求助 Google 大神,看了一堆網頁資料仍想不到一個好的行銷企劃案?你是否曾與同事討論了半天,依舊不知道該怎麼設計出美觀的企業文宣?你是否曾為了完成一份產品簡報而傷透腦筋,不知從何開始著手?隨著 ChatGPT 的誕生,這些常見的煩惱,通通都能迎刃而解。

如果要問 2023 年科技圈最受矚目的議題為何,絕對非 ChatGPT 莫屬。無論從學術界到產業界、工作到生活、群體到個人,ChatGPT 正在快速影響人類社會的各個層面,現今更逐漸成為職場上不可或缺的生產工具。

想像一下,對一位忙碌的高階企業管理者而言,一年當中可能需要主講多達數十場以上的演講,以往在每場演講之前,

光是制定出簡報主題、大綱、架構，就得花費好幾個小時準備，現在透過與 ChatGPT 對話，不到幾分鐘就能快速完成。

對於一位希望透過創造獎勵制度，鼓勵員工自主學習的中階人資主管而言，過往必須先透過數十分鐘的網路查詢，初步發想獎勵制度。現在不出幾分鐘，ChatGPT 就能提供多達十多種以上的獎項名稱與內容作為參考。

而對於基層行銷人員來說，若想了解產業競爭的背景，打開 ChatGPT 與其對話，除了能輕鬆摘要出產業競爭局勢外，還能進一步針對競爭情況進行優劣勢分析，行銷人員就能針對 ChatGPT 詳細列出的分析結果，擬定自身企業的競爭策略。

事實上，自 2022 年開始，「生成式 AI」（Generative AI，GAI）的應用已快速蔓延到全球各個產業。尤其是同年 11 月 30 日 OpenAI 推出 ChatGPT，更在全球掀起了新一波的 AI 風潮，甚至連微軟創辦人比爾‧蓋茲（Bill Gates）也直言：「ChatGPT 的出現，對於世界的影響力，不亞於當年網際網路和個人電腦的誕生。」究竟 ChatGPT 正在為人類的生活帶來哪些「核彈級」的衝擊與影響？本章我們將帶領讀者一探究竟。

1-1　ChatGPT 的誕生

　　ChatGPT 是由一家美國人工智慧研究及開發公司 OpenAI，採用一種大型語言模型（Large Language Model，LLM）所開發出來的聊天對話應用系統。**ChatGPT 這項名詞，是由英文單字 Chat（聊天）與 GPT（Generative Pre-trained Transformer）「生成型預訓練變換模型」結合而來。**其中，**GPT** 所仰賴的重要技術被稱作「生成式 AI」，它是一個大型語言模型的生成技術，具備認知、理解、推理等能力，既能做到理解人類語言，更能回覆人類提出的問題，就如同一位過目不忘的絕頂天才，標榜「當我讀會全世界的資料，就能回答全世界的問題」。

　　早在 2018 年，OpenAI 就已發布 GPT 1.0 模型，接下來陸續在 2019 年發表 GPT-2、2020 年提出 GPT-3，直到 2022 年 11 月，OpenAI 推出以 GPT-3.5 模型開發出來的聊天機器人 ChatGPT，才造成極大回響。更在推出後短短 5 天之內，吸引超過 100 萬人註冊使用，刷新 Instagram、Facebook（現 Meta）、Netflix 等美國矽谷科技巨擘，達成百萬註冊的最低天數新紀錄。

　　2023 年 3 月，OpenAI 順勢宣布推出 GPT-4 模型，並於 5

月 18 日在美國推出 iOS 版本 ChatGPT 應用程式。另一方面，OpenAI 為了擴大 ChatGPT 應用，進一步推出外掛程式（Plugins）功能，像是使用者可以結合一款外掛程式「Ask Your PDF」結合 ChatGPT，將原本的 PDF 檔案內容，透過對話讀取文章的精簡摘要；又或是連結外掛程式「Webpilot」，讓 ChatGPT 能讀取網際網路的網頁，獲取網路上的資訊。

OpenAI 的 AI 偉大計劃

2015 年已是人工智慧 AI（Artificial Intelligence）逐漸引入業界的時候，就在 2015 年底，阿特曼（Sam Altman）、馬斯克（Elon Musk）、亞馬遜網路服務（AWS）、YC Research 及幾位投資者宣布成立一個非營利組織 OpenAI Inc.，希望透過與研究單位或研究者的合作，促進人工智慧發展，且向公眾開放專利與研究成果，避免人工智慧對人類造成傷害，讓人類能夠受益。

而當時發展是憑藉著一個大膽假設的偉大計劃，就是「當我讀會全世界的資料，就能回答全世界的問題」。在全世界的資料裡面，自然包含了各種人類生活中所需要各種能力的描述與例子，如閱讀文章、撰寫摘要、數字計算、語言翻譯、寫程式、對話等等，當它學習後，自然就具備「怎麼來做」這些事

情的能力。

　　這樣的想法在過往很難實現，但 OpenAI 做到了。2018 年 6 月發表 GPT 1.0 模型並且開源，這模型開創了一種新的學習模式，就是「先做預訓練（Pre-Training）、後進行微調（Fine Turning）」的方式，這也成為目前大語言模型訓練的通用方法。它具有 1.17 億個參數，然而，即便這在當時已經是一個很大參數量的模型，但其能力還是不夠，而沒有在業界引起很大關注。

　　接著 2019 年 2 月再提出與開源 GPT-2 模型，從網際網路中爬取約 40 GB 的文本，大約相當於 4 萬本書的內容，它具有 15 億個參數，一舉成為當時最大的模型。

　　事實上，在整個發展過程中，運算力耗費極高的費用，亟需大量資金，為了發展所需，OpenAI 在 2019 年 3 月成立一個營利組織 OpenAI LP，開始朝向營利方向轉型，這也吸引微軟加入投資的行列。微軟於 2019 年 7 月投資 10 億美元，雙方將 OpenAI 合作研發成果置於微軟 Azure 雲端上，作為提供服務的平台。

　　2020 年提出的 GPT-3 模型，把整個網際網路的廣大內容全部讀完，具有 1,750 億個參數，是當時世界最大的參數模型，微軟在 2020 年取得 GPT-3 模型的獨家授權。2022 年 11

圖 1-1 ChatGPT 的發展歷程

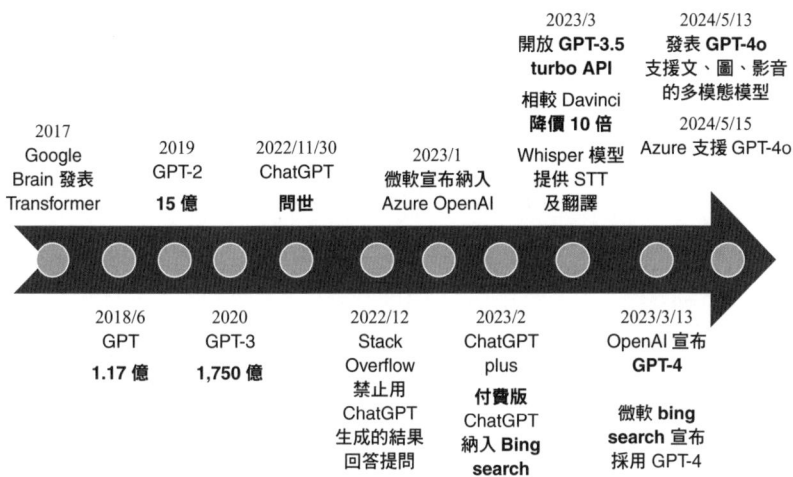

月 30 日 OpenAI 提出 ChatGPT 聊天機器人（Chatbot），採用 GPT-3.5 模型之聊天機器人的應用形式向大眾發表，造就這波生成式 AI 的風潮。圖 1-1 為 ChatGPT 的發展歷程。

1-2 認識 ChatGPT 的四個面向與八個觀點

認識 ChatGPT 並不難，以下從四個面向與八個觀點，全面了解 ChatGPT 的突破、問題、應用及未來發展。

ChatGPT 的兩大突破：文字生成、語意理解

究竟什麼是「文字生成」？舉例來說，在結婚 10 週年紀念日這天，想寫情書給太太表達愛意卻不知從何下筆，這時只要打開 ChatGPT，透過對話告訴 ChatGPT「請幫我寫一封給太太的情書」，不用幾秒鐘的時間，就能完成一篇文情並茂的情書，內容甚至寫得比真人還更有溫度（如圖 1-2）。這是過往電腦沒有的能力，也是 AI「**文字生成**」能力突破的展現。

不僅如此，我們用自然口語化的方式與 ChatGPT 對話，它也能了解箇中語意。例如在讀完 ChatGPT 寫出的情書後，若不是很滿意，還能與 ChatGPT 繼續對話，告訴 ChatGPT「再曖昧一點」，ChatGPT 接收到新的要求後，就會重新改寫，讓情書內容更具愛意。我們沒有說「重寫」，也沒有解釋什麼是「曖昧」，但它已學習具備常識，掌握語言理解能力，這就是「**語意理解**」能力的突破。

不僅如此，ChatGPT 的能力也在持續進化中，從圖 1-3 GPT 3.5 語意理解能力及圖 1-4 GPT 4.0 語意理解能力，就可明顯比較出兩個版本在語意理解及推理能力上的差異。我們可以從對話內容中看到，GPT 3.5 版本的 ChatGPT，將「我的媽啊」這段詞組，解釋為「哇，我的母親」，顯然 ChatGPT 沒有真正理解「我的媽啊」，在這對話中是想表達「驚嘆」的意

圖 1-2 **ChatGPT 的兩大突破：文字生成、語意理解**

> JA　請幫我寫一篇給太太的情書？
>
> 親愛的太太，
>
> 從我們相識的那一刻起，你就在我心中占據了最重要的位置。在這封情書中，我想向你傾訴我對你深深的愛意，並感謝你成為我生命中最珍貴的伴侶。
>
> 在我們共度的每一天裡，你都讓我的心跳變得如此特別。你的笑聲、你的擁抱和你那溫柔的目光，都使我的世界充滿光明和愛意。我經常沉浸在回憶中，回想起我們一起度過的美好時光。這些回憶是我生活中最寶貴的財富，我將永遠珍藏在心。
>
> 親愛的，你是我的力量和支柱，無論我們遇到什麼困難，我都知道只要有你在我身邊，我們就能一起克服。在每個寒冷的夜晚，你的擁抱給我溫暖；在每個疲憊的時刻，你的鼓勵讓我重新振作。你的支持與愛護讓我深感自豪，也讓我更加堅定地去追求我們共同的夢想。
>
> 我想向你保證，無論未來的日子有多漫長，我都將陪伴在你身邊，為你付出我的全心全意。在生活的起起伏伏中，我們將一起分享喜悅和分擔痛苦。我會努力成為一個更好的丈夫，為你提供安慰和支持，讓你感受到我對你深沉的愛意。
>
> 最後，我要再次向你表達我對你的無盡感激和愛戀。在此刻，我以最誠懇的心情向你保證，無論時光如何流轉，我的愛將永遠陪伴著你。親愛的太太，請讓我們攜手共度未來的時光，擁抱愛情的甜蜜與美好。
>
> 永遠愛你的，
>
> [你的名字]

> **JA** 再曖昧一點

> 親愛的，
>
> 我時常想起我們在一起的那些時光，那些彷彿一瞬間就消逝的歡笑和閒聊，使我心頭湧現一陣陣暖意。我們之間的曖昧和微妙情感，讓我思緒無法平靜，每分每秒都在期待與你再次相聚的時刻。
>
> 你總是在我最需要的時候出現，給我帶來溫暖與陽光。我們一起分享的那些歌曲、電影和點點滴滴，彷彿是生命中最美的詩篇。你的眼神、微笑和溫柔，讓我為之著迷，不自覺地陷入愛的漩渦。
>
> 雖然我們彼此之間的距離仍帶有一絲神秘和保留，但這也讓我們的感情變得更加珍貴。在這曖昧的氛圍中，我享受著與你互動的樂趣，也暗自期待著我們關係更進一步的那一天。
>
> 有時候我會想，如果有一天我們能夠更加親密，是否會成為彼此生命中最美好的相遇？我願意為你付出，願意讓你成為我心中最重要的那個人。只是，在我們還未確定的此刻，我將把這份愛意深藏在心底，等待那一天的到來。
>
> 請讓我用這封信，表達我對你滿滿的感激和愛意。也許未來的某一天，我們會走得更近，揭開彼此心中的神秘面紗。在那之前，讓我們繼續享受這份曖昧的美好，讓愛在心中悄悄滋長。
>
> 期待與你再次相遇的那一刻，
>
> [你的名字]

圖 1-3　GPT 3.5 語意理解能力

> **JA**　請問「我的媽啊，我老婆好漂亮」這句話什麼意思？
>
> 🅖　這句話是一句口語體的表達，意思是「哇，我的母親，我的妻子真漂亮」。這句話帶有一種想表達對妻子的讚美和驚嘆的語氣。
>
> **JA**　請問「我的媽啊，我老婆的老公好帥」這句話什麼意思？
>
> 🅖　這句話是一句口語體的表達，意思是「哇，我的母親，我妻子的丈夫真帥」這句話帶有一種想表達對丈夫的讚美和驚嘆的語氣。

圖 1-4　GPT 4.0 語意理解能力

> **JA**　請問「我的媽啊，我老婆好漂亮」這句話什麼意思。
>
> 🅖　這句話是中文俚語，表示對某人的妻子美貌的驚嘆和讚美。在這個情境下，說話者用「我的媽啊」來表示他的驚訝，然後接著說「我老婆好漂亮」以表示他對自己妻子美貌的欣賞和自豪。這句話表達了說話者對妻子外貌的滿意和喜愛。
>
> **JA**　請問「我的媽啊，我老婆的老公好帥」這句話什麼意思。
>
> 🅖　這句話是一個幽默的表達方式。當某人說「我的媽啊，我老婆的老公好帥」時，他在自嘲地誇獎自己。由於他是他老婆的老公，他在間接地說自己很帥。這種表達方式具有一定的幽默成分，通常用來營造輕鬆的氛圍。

思；而 GPT 4.0 版本的 ChatGPT 語意理解能力，就有很大的進步提升，能了解到說話者用「我的媽啊」，是為了表示驚訝。

甚至當使用者與 ChatGPT 對話，並寫下「我的媽啊，我老婆的老公好帥」，ChatGPT 也能推理出這裡的「老公」，其實正是使用者本身，也說明使用者是在自嘲地誇讚自己，從這點我們可以看出，ChatGPT 不僅能做到「語意理解」，甚至還能進一步做到「推理」，這是從來沒有過的能力，這就是所謂的「頓悟」（Grokking）現象。

在使用 ChatGPT 時，使用者進行對話的方式，也將直接影響 ChatGPT 的回覆產生能力。如圖 1-5 的例子所示，若我們只對 ChatGPT 說：「請介紹張榮貴的學經歷與專長」，其回覆是無法提供相關資訊，因為這個指示的資訊很有限，而且台灣可能有好幾位「張榮貴」，ChatGPT 不知道要提供哪位張榮貴的資訊。

反之，如果我們換個角度與 ChatGPT 進行對話，先為 ChatGPT 設定好角色，再透過描述與提出問題，它的回答就會截然不同。例如，我們先告知 ChatGPT，它是一位記者，並針對近期張榮貴的工作經歷、職稱加以描述，最後再提出問題：「請寫出一篇張榮貴對社會貢獻與 AI 科技推動的報導」，

圖 1-5　**未清楚描述問題的提示語**

> Model：GPT-4
>
> JA　請介紹張榮貴的學經歷與專長
>
> 對不起，我無法提供您詢問的關於「張榮貴」的資訊，因為我的訓練資料只到 2021 年 9 月，且至當時為止我並無該人物的相關記錄。如果該人物在 2021 年 9 月後成為知名人士，或是他的資訊不在我訓練時的公開資料中，我將無法提供相關的資訊。建議您可以查詢最新和最可靠的來源以獲得該資訊。

ChatGPT 就能以記者的專業寫法，產出一篇貼切且完整報導。

如圖 1-6 提示語用法。若使用者懂得運用「設定角色、精確描述、提出問題」三步驟來與 ChatGPT 進行對話，就能得到更精準的回答，大幅提升使用效率。

ChatGPT 的兩大問題：正確性問題、AI 信任問題

然而 ChatGPT 也並非無所不知、無所不曉，**目前生成式 AI 面臨的最大問題是「正確性問題」，進而引發生成式 AI 的信任問題**。以圖 1-7 為例，我們向 ChatGPT 提出「請介紹一下一卡通票證股份有限公司」的指令，在 ChatGPT 產生的回答中，卻包含著錯誤訊息，像是將公司英文名 iPASS Corporation 錯置成 EasyCard Corporation；主要業務正確應

圖 1-6　提示語（Prompt）用法：角色＋描述＋問題

> JA　您是一位記者，張榮貴創業 30 年，從事客戶服務領域，致力於以資訊科技，提升企業顧客最大價值，在業界推動 AI 科技不遺餘力。張榮貴目前是人工智能股份有限公司董事長、中華民國資訊軟體協會常務理事、AI 大數據智慧應用促會會長、國科會台灣 AI 卓越中心（AICoE）策略委員、工業技術研究院人工智慧應用策略諮議委員會委員，請寫一篇張榮貴對社會貢獻與 AI 科技推動的報導

> 標題：張榮貴：三十年科技努力，推動 AI 科技與客戶服務的革新者
>
> 在科技日新月異的世代中，如果要提到 AI 科技的推廣與應用，相信很少人不知道張榮貴這個名字。他身為一位資訊科技領域的長跑者，已有 30 年的經驗，其職業生涯始終與創新、客戶服務、AI 科技密不可分。
>
> 張榮貴現在是人工智能股份有限公司的董事長，他始終堅信資訊科技能大幅度提升企業對顧客的價值。在他的領導下，該公司不斷進行創新和研發，將 AI 的力量引入客戶服務領域，提升企業效率，同時提供更優質的客戶體驗。
>
> 除了公司的業務，張榮貴也在業界擔任許多要職，包括中華民國資訊軟體協會常務理事、AI 大數據智慧應用促會會長、國科會台灣 AI 卓越中心（AICoE）策略委員以及工業技術研究院人工智慧應用策略諮議委員會委員。在這些角色中，張榮貴積極推動 AI 科技的發展和應用，與同行共同探討未來的科技趨勢，進行策略規劃，並為資訊科技產業的成長與發展努力。
>
> 作為一名業界領導者，張榮貴明白推動科技進步的重要性，並積極參與相關的政策制定和規劃，以確保台灣在全球 AI 科技競爭中的地位。
>
> 在他 30 年的創業旅程中，張榮貴用行動證明了他對社會的貢獻和對科技的熱愛。他的領導風範激勵了一代又一代的科技人才，他的遠見和創新精神推動了 AI 科技在台灣的發展。無論在客戶服務領域，或是在 AI 科技的推廣上，張榮貴都在業界留下了深深的烙印。
>
> 張榮貴的貢獻並未停止。他將繼續引領著他的團隊，在資訊科技的海洋中繼續探索，追求更多的創新，並在 AI 科技領域開創更為璀璨的未來。他是一位不斷推進 AI 科技發展的先鋒，他的故事仍將激勵更多人投身 AI 科技領域，為社會做出更大的貢獻。

圖 1-7 生成式 AI 回覆錯誤例子

> **JA** 請介紹一下一卡通票證股份有限公司

> 一卡通票證股份有限公司（EasyCardCorporation，簡稱 ECC）是一家位於台灣的公司，成立於 2000 年，主要業務為發行和管理悠遊卡（EasyCard）。悠遊卡是一種無線感應式的智能卡，主要應用於台灣各地的大眾運輸系統，如捷運、公車、火車等，也可以在一些商店、停車場、自動販賣機等場所進行消費。悠遊卡的目的是為了讓民眾能夠更方便、快速地使用交通工具和享受各項服務。
>
> ECC 的主要業務包括：
>
> 1. 悠遊卡的發行：提供各種悠遊卡產品，包括標準卡、記名卡、團體卡、聯名卡等，以滿足不同用途和消費者需求。
> 2. 悠遊卡的充值與管理：提供多種充值方式，如便利商店、捷運站、自動櫃員機等，並負責悠遊卡的遺失或損壞卡片的補發、餘額退還等相關業務。
> 3. 技術支援與開發：負責悠遊卡系統的維護與升級，以確保持續提供穩定且高效的服務，並不斷開發新的應用與服務，擴大悠遊卡的使用範疇。
> 4. 市場推廣與合作：積極與各類企業和機構合作，開發聯名卡和促銷活動，吸引更多民眾使用悠遊卡，並提高品牌知名度。
>
> 悠遊卡的成功不僅使得台灣民眾的生活更便利，也成為了台灣智慧交通的代表之一。未來，一卡通票證股份有限公司將繼續努力，拓展更多應用場景，提升悠遊卡的功能和便利性，以滿足不斷變化的市場需求。

為發行管理一卡通,卻變為管理悠遊卡等錯誤訊息。

由於悠遊卡與一卡通公司的業務內容性質雷同,若不看公司名稱,這兩公司的業務內容極為類似。生成式 AI 在學習過大量資料後,儘管生成式 AI 能做到以往 AI 無法做到的「舉一反多」,卻也導致可能出現「幻覺」(hallucinations),產生資訊錯置與錯亂。這例子就是錯把悠遊卡與一卡通公司當作是同一家企業,也因此生成式 AI 的「幻覺」現象所衍伸出對正確性的疑慮,引發 AI 信任的議題。這是目前生成式 AI 的自然現象,也是產業與學術單位都在致力克服的問題。

ChatGPT 的兩大應用:最佳學習工具、最佳生產力工具

許多人會問,「ChatGPT 既然存在正確性的疑慮,那麼人類應該繼續使用這樣的技術嗎?」我們認為 ChatGPT 能否應用不是一道封閉的是非題,而是開放的應用題,ChatGPT 不是「不能用」,而是人類應該「怎麼用」的問題。

就生成式 AI 的特性來說,ChatGPT 該被應用在「好不好的問題」,而非「對不對的問題」。「好不好的問題」是一種描述或發想性質的內容,而「對不對的問題」是基於事實的陳述,這方面比較容易產生錯誤。對於描述性或發想性的產出,如情書、故事、企劃案、執行建議等方面則非常適合。正

確使用ChatGPT不僅是現下生成式AI的應用典範，也是人機協作的最佳展現，將成為人類未來最佳的學習及生產力工具。

為何我們認為ChatGPT能成為人類未來最佳的學習工具與生產力工具？原因在於，過往若我們想找尋一個問題的答案，首先會習慣性打開搜尋引擎，輸入關鍵字，接著進入網頁，透過閱讀內容來獲取知識。但現在只要我們向ChatGPT提出問題，它就能直接幫我們蒐集、閱讀、歸納、整理知識，並加以彙整生成回覆，成為我們的學習工具，幫助人們縮短獲取知識的時間，進而簡化學習歷程。此外，在工作場域上，人們也能透過使用它來快速獲取企業專業知識、參考過往經驗、生成企劃案、翻譯等等，縮短工作流程，大幅提升工作效率，使其成為人類最佳的生產力工具。

儘管目前ChatGPT回答的內容可能存在錯誤訊息，但也正因如此，人類的專業判斷力、價值觀顯得更加重要，因為只有人類能夠透過判斷，分辨事實真偽，對人們來說，自身必須朝更專業的方向發展，才能展現價值。我們在這裡大膽下一個結論：再聰明的人才，若不懂得應用生成式AI，未來恐怕難以在社會上保有競爭力。生成式AI不會取代人，而是會用生成式AI的人，將取代不會用生成式AI的人。

ChatGPT 的兩大發展

發展 1：面向經營提升效率

對企業經營端來說，透過使用 ChatGPT 能夠幫助員工提升生產力與效率，ChatGPT 或生成式 AI 所具備的創造性生成能力，在以下六大面向將具有很好的表現：

1. 文章或書面內容擴充和創建：如廣告文案、推文產生、故事創作、行銷企劃、行銷圖文生成等等。
2. 提供問答 QA：經由對話（Prompting）方式，能夠根據資料、數據來生成答案。
3. 資料摘要：將大篇幅文章生成足以代表的摘要內容，可用於對話、文章、電子郵件、各式紀錄等，做成摘要與重點。
4. 資料分析與彙整：具備將文件進行分類、分析、提取關鍵詞等能力。
5. 軟體程式設計：可以依照需求，以對話生成代碼，將代碼從一種程式設計語言轉換為另一種程式設計語言，糾正錯誤的代碼以及解釋代碼。
6. 翻譯、解釋、改正文法：可對多國語言進行翻譯，解釋

描述內容,以及文法糾正等。

如果仔細思考這六大方向,站在企業內部作業流程的角度,生成式 AI 提供給企業的好處為何?若不考慮專業,試想一位在辦公室工作的知識工作者的工作內容是什麼?是整理資料做成彙整文件、是透過經驗與創意來完成企劃案、是分析資料做成報告、是撰寫各種文件、是產生各種需要的圖形等,再想想這些不就是生成式 AI 最拿手的能力嗎?顯而易見,生成式 AI 很快地將對白領知識工作者產生翻天覆地的變化。

在生成式 AI 的衝擊下,職場工作者不只更具專業,甚至必須懂得運用 AI 來協助工作,並將 AI 生成的結果,經由我們的專業判斷,讓它變得更正確,同時確保是我們期望的結果,可以說這就是「**AI 成為生產者,人成為審核者**」,**讓 AI 為我們工作賦能,提升我們工作效率,成為我們最佳助手。**

發展 2:面向顧客提升體驗

企業面向顧客,可以使用生成式 AI 來提升客戶體驗。生成式 AI 在面對顧客經營的六個面向,也具有強大功能:

1. 內容生成:文章、圖片與影片生成、影片摘要與彙整等

能力。

2. 客戶服務：更好地理解顧客的意圖，做出適當回覆；分析顧客對話與行為，了解顧客需求；強化服務互動，引導民眾獲至所需資源等。以及提升智能機器人的服務能力。

3. 內容推薦：依照顧客喜好、個性、習慣等特徵，生成服務描述與推薦適當服務內容等。

4. 教育訓練：提供顧客更好的學習體驗，迅速推廣知識，如導師、培訓師等服務。

5. 行銷企劃：協助行銷計劃生成、提供建議與行銷內容生成。

6. 活動推廣：在網站或智能機器人中與民眾互動，提供活動內容並描述之。

ChatGPT 造就四大趨勢

生成式 AI 的這些應用，對企業在顧客經營上具有很大的助益，現在已有許多企業運用生成式 AI 來發展新服務與新應用，並發展出各種新商業模式。

比如台灣 Ai3 公司就是一家提供智能機器人應用與對話商務應用系統的企業，現更投入生成式 AI 的研發，目前已發表

讓 GPT 的全才進化成為可以服務企業的專才,透過持續改進控制減少幻覺,提高答案產生的正確性。如已發布可信任的智能機器人服務,即可用 GPT 來訓練智能機器人產出正確答案以進行服務,讓智能機器人建置與維運工作效率提升 60%。這也改變機器人訓練師的工作內容,從過往以訓練機器人的知識及語料準備為主,轉變為以規劃智能機器的互動流程、提升顧客體驗的設計工作。

ChatGPT 本身的發展非常快速,Open AI 發布的 GPT-4o,除具備處理文、圖、影音的多模態功能外,也持續往信任 AI 靠攏。雖然此技術還在發展中,但在可預見的未來,AI 更加可靠是必然的趨勢。因此我們在充分了解 ChatGPT 的特性後,要懂得如何應用它,並讓其成為最佳的生產力工具,未來每個人都應該關注與思考,自身在 AI 發展過程中應扮演怎樣的角色,跳脫現有工作的束縛,成就更具競爭力的自己。

總體來說,ChatGPT 的誕生造就以下四大趨勢:

1. ChatGPT 的誕生,意味著「對話世代」的來臨,以對話為主的人機介面模式會更加廣泛與成熟。
2. 人們使用網路的習慣、搜尋資料與工作的方法會改變,數位經濟產業結構也將因而徹底改變。

3. 人類運用智慧工具擺脫重複性工作，人機協作更為重要，運用工具節省人力，朝更有價值的地方移動。
4. 知識工作者需要更多專業的核心知識，以判斷生成式 AI 提供的內容是否恰當且正確，令生產結果效益大幅提升。

1-3　ChatGPT 開啟新對話商務世代

利用「對話」催生出「智慧」是古希臘時期哲學家蘇格拉底（Socrates，前 470 年～前 399 年）的獨門創舉，熟悉哲學史的人都知道，蘇格拉底每天早上會到市場裡找年輕人對話，從問答中讓年輕人理清楚思路，進而建立正確的知識觀念。人類文明的演進也是如此，因為有語言，人與人才能彼此溝通、理解，我們每個人也才能站在先人的智慧結晶上，不斷堆疊出更文明的世界。

在 ChatGPT 問世前，我們從來不敢奢望聊天機器人，能像蘇格拉底與年輕人在市場「對話」一樣。過往聊天機器人服務的建立，需要準備大量資料來訓練機器人，只能就特定問題，以預先設定好的方式做回答。舉例來說，假設我們要參加一場五月天在台北小巨蛋的演唱會，詢問聊天機器人有關台北

場次的開始時間？聊天機器人可能會提供預先設定完整台北場次日期、地點、演出時間、相關介紹等資訊，我們需要自行找出場次的開始時間。

但若是透過生成式 AI 技術建立的聊天機器人，能夠精確理解問題的含意，即可透過知識的解讀，提供我們「五月天在台北小巨蛋的演唱會是在 6 月 12 日晚間 7 點開始」之類的明確答覆。我們甚至能透過持續對話，進一步得到五月天最新專輯發行時間、周邊商品販售、演唱會當天天氣預報等更多有用的資訊。

對話商務加速人機協作效能

商務開始於對話，從人類有交易就是如此，而現在 AI 技術帶來人與聊天機器人的對話來進行商務的可能性。**2016 年產業提出「對話式商務」或稱「對話商務」（Conversational Commerce），就是透過對話來進行服務、行銷或銷售，並漸漸被接受與融入商業活動中，成為一種新的商務模型。**使用者只要透過對談就可以獲取需要的服務，不僅讓企業的服務效率提升，也促使顧客購買行為更加自然與快速，對顧客與企業而言，雙方都受益。

而生成式 AI 技術的來臨，更是大幅提升對話商務的發

展,透過大語言模型技術,在與使用者對話一來一往的過程中,能自行搜尋、歸納、彙整資料,靈活給予最適切的答案,甚至帶給使用者如同與真人對話般的感受,也讓人更願意與其互動。當聊天機器人能夠掌握使用者的「話中話」與人們更深層的需求,就更容易從中發現新商機,產生購買循環,促成更多的對話商務。

對話商務不只是全球新興趨勢,生成式 AI 的誕生也使得對話商務更上一層樓。如果說 Siri 的誕生是開啟「語音世代」來臨的鑰匙,那麼 ChatGPT 也將成為開啟「對話世代」來臨的那把關鍵鑰匙。

現今台灣的對話商務正逐漸被產業廣泛應用,生成式 AI 來臨開啟更佳體驗的對話感受。比如許多銀行業者運用 AI 進行客服中心轉型,從電話轉為文字,積極透過智能機器人提供客戶服務,如此一來,智能機器人不只能成為與客戶互動的最佳幫手,營銷團隊也能訂定各種互動方案,對特定顧客進行一對一專屬服務,同時進行客戶資料收集,一旦新商機出現,機器人與真人就能透過協作進行業務推廣與跟進。

事實上,不少企業已將這個技術運用到企業內部,成為員工的最佳助理,員工透過 AI 不只能獲取相關知識或訊息,甚至在 AI 的引導下完成工作,大幅提升作業效率,引領企業在

作業流程上持續產生變革。

對話商務正在改變搜尋模式

　　生成式 AI 也在網路世界激起巨大的漣漪，像是由微軟開發的搜尋引擎 Bing 乘勝追擊，結合 OpenAI 的 GPT-4 模型技術，推出以「聊天對話方式」進行搜尋網路資訊的新功能 Bing Chat，使用者只要在對話框中輸入想要搜尋的問題，Bing Chat 就能和使用者開啟對話，提供對應的相關資訊與資料來源。也因此，對於「全球最大搜尋引擎 Google 是否將被 ChatGPT 或 Bing Chat 取代？」也成為值得持續關注的議題。

　　在生成式 AI 還未誕生前，幾乎由 Google、Meta 兩大科技巨擘掌握網路搜尋的模式，Google 透過使用者查詢關鍵字，以關鍵字行銷導流至企業網頁並藉以獲利；Facebook 則是藉由用戶人際關係的串聯與分享來進行導流，向用戶收取廣告費，可以說導流是現今網際網路數位經濟的基礎。如今，ChatGPT、Bing Chat 的出現，將顛覆以往人們的網路搜尋方式，不只網路導流模式將會改變，產業結構也將發生變化，勢必掀起新一波「對話商務」的浪潮。

1-4 從 AI 1.0 到 AI 2.0 的破壞式創新

大數據領域專家、現任牛津大學網路研究院（Oxford Internet Institute）教授維克多・麥爾一荀伯格（Viktor Mayer-Schönberger）曾提到，隨著新科技如雨後春筍般出現，若人類想在這個時代保有競爭力，那麼勝出的關鍵就在想像力、冒險力與雄心壯志。

自 2017 年起，台灣政府積極推動 AI 科技發展，廣泛地推廣與鼓勵產業運用 AI 技術來發展智慧應用，以達到「產業 AI 化」及「AI 產業化」的目標。此時期主要是以開發為手段，發展著重於辨識技術的提升，依照產業需求，用 **AI 技術發展辨識模型來解決問題，而通常一個問題可能需要組合多種 AI 模型來完成**。比如我們要辨識一張照片上有幾台黑色的車，首先用一個物件擷取模型將相片中的車子影像取出，接著再用一個影像模型來辨識出車子的顏色，以達到我們期望的結果。這階段的 **AI 大都以辨識方法來解決問題，我們可以統稱這是辨識式的 AI，也稱為 AI 1.0**。

AI 2.0 更應著重治理

AI 技術主要應用於電腦視覺（Computer Vision）、自然

語言處理（NLP）、數據分析（Data Analysis）這三大類應用，直到 2021 年，Gartner 提出的科技趨勢，引導產業開始嘗試導入諸如超級自動化（Superautomation）、智慧組合型業務（Intelligent composable business）等應用，企業因而具備提供新型態服務或新商模的能力。因 AI 應用被產業廣泛應用，當一個企業開始具備多種 AI 應用，企業也必須重視 AI 管理，故而 Gartner 提出 AI 工程（AI Engineering），讓 AI 智慧應用能有更完善的發展。

2023 年在 ChatGPT 的誕生與大型語言模型的破壞式創新應用下，AI 發展迎來前所未有的轉捩點。大型語言模型成為核心技術，具備多任務、認知、理解、推理、運算能力，生成式 AI 也逐漸進入個人生活與企業環境。

生成式 AI 是透過大量資料訓練建立的大語言模型，透過「對話」來運用這個模型，只要一個模型就能解決多種問題，就如上例汽車辨識，可以運用影像的大語言模型，請模型來找出影像中有幾台黑色車子，而且只要透過對話就能取得答案，甚至可以用來生成您需要的圖片。此階段的 **AI 技術以對話為手段，支援產業的擴充與成長，我們統稱這是生成式的 AI**，是為 AI 2.0。

AI 2.0 以生成式 AI 為主，讓「智力就像電力一樣隨手可

得」的目標得以實現。未來將著重於 AI 治理，以生成、沉浸式、永續三大技術，朝著「以人文本、永續發展、可信任 AI」的目標發展。Gartner 在 2023 年及 2024 年十大科技趨勢中都提及 AI 信任風險安全管理（ARiSM）及永續技術（Sustainable Technology），這些都是 AI 2.0 世代要特別重視因 AI 帶來的信任（Trust）、風險（Risk）、安全（Security）、管理（Management）的問題，也是 AI 科技能否永續的重要關鍵。

人類對於 AI 技術的應用與認識，即將從 AI 1.0 延伸到 AI 2.0，並將兩階段發展的技術做完美融合。在持續推動與強化 AI 智慧應用的同時，也發展可信任 AI 技術，讓 AI 不會因過度應用而造成歧視或不公，透過「AI 2.0」的雙引擎推動，讓 AI 成為福祉科技，造福人類生活的最佳利器。

第二章

核爆級 AI 的發展啟示

2016 年 3 月 15 日全球關注的人機大戰，**AlphaGo** 以 4 比 1 一舉打敗圍棋世界棋王韓國棋手李世乭，2017 年以三局全勝打敗中國棋手柯潔，引發**人工智慧**研究熱潮，人工智慧正式走進產業，掀起一波人工智慧應用。時至今日，人工智慧技術已在各產業發酵，成為產業升級的最佳工具。

人工智慧的發展，看似在極短的時間內，就能在研究、產業等各層面的應用取得重大發展，各界人士也紛紛關注起人工智慧相關議題。許多人認為人工智慧的異軍突起是橫空出世，但我們可以很肯定地說，人工智慧的崛起並非橫空出世，而是靠著一群學者努力奮鬥了六十幾年所累積的成果。

究竟是什麼原因，讓這波 AI 潮能被帶進產業界？以下從

AI 發展的歷史軌跡便能知曉。

思維是 AI 發展的根本

　　古往今來，文明的發展與人類對於未知的探索，有著高度密切的關聯，在文明演進的過程中，人類發明許多新工具，讓做事更有效率，至今仍持續進行著。人類最原始的思維能力，就是人類探索未知的本能。

　　在遇到問題時，人類會想盡辦法去克服，於是各種解決問題的方案因應而生，透過累積眾人的智慧，讓知識堆疊，最終找出答案。**當解決一項問題後，人類不會因此停止探索，而是進一步思考，如何將解決問題的方法通用化，讓所有人都可以取用，成為人類共同的技能。**另一方面，人類會持續思索，是否有更好的方法提升工作效率，以得到更佳的解決方案。

　　然而，現代人每天接觸到的資訊變多了，同時也需要處理更多複雜的資訊，往往沒有機會慢下來檢視，挖掘我們最原始的思維能力。偏偏人類最原始的思維能力，才是能幫助企業突破現況的解答。

　　如今 AI 的蓬勃發展，正是人類原始思維能力的最佳證明，由於人類具有高度理想性與解決問題的能力，以及追求解答的堅持，這些正是創造我們成就的主因，也是 **AI 發展史帶**

給我們最重要的啟示，稱為 AI 歷史思維。

本章帶領讀者認識 AI 發展歷史，看看人類如何運用思維本質，發展出解決問題的技術。

2-1　人工智慧第一波熱潮（1960 年代）

在談 AI 發展史之前，我們先來看看電腦的發展史。數值計算一直是人類生活中不可或缺的一部分，從古代人使用算盤再到現代人使用計算機，都讓人們在計算時可以更加省時。然而，如何用機器來做計算呢？答案就是透過電腦。

電腦的發展

全世界第一台通用電腦 ENIAC（Electronic Numerical Integrator And Computer），在 1946 年於美國賓夕法尼亞大學的穆爾電氣工程學院誕生。在當時，ENIAC 的運算速度已經達到了人類的 20 萬倍，還能透過寫程式來達成各種目的，可以說是人類史上，數學、機械以及電機集大成的精華。儘管如此，人們並不滿足，而是持續研究，並希望能找出更完整的電腦架構，提升 ENIAC 的能力。

現代電腦架構之父馮紐曼（John Von Neumann），於

1945 年發表了電腦的基本架構,被稱之為**馮紐曼架構(Von Neumann Architecture)**。以這項架構克服 ENIAC 所遇到的問題,也成為往後所有電腦的基礎架構,一直沿用至今。

1946 年時,計算機已可以解決人類計算問題,但同時也激發人類思考更深層的問題,像是計算機有無可能解決人類其他的問題?電腦是否能做到與人一樣具有思考能力?這些問題正是人類具備理想性、不斷追求理想的思維表現。而這樣的思維,就此開啟人類一場延續超過 70 年的理想追求旅程。

電腦科學之父:艾倫・圖靈

「機器能思考嗎?」(Can machines think?),在 1950 年提出這個問題的人正是**「電腦科學之父」**艾倫・圖靈(Alan Mathison Turing)。圖靈於 1936 年提出了著名的「圖靈機模型」,利用機器來模擬人們用紙筆進行數學運算的過程。圖靈在 1939 年二戰時期,協助軍方破解德國著名密碼系統 Enigma,也間接地讓二戰得以提前結束。

圖靈在擔任曼徹斯特大學計算機實驗室的副主任時,在《Mind》上發表〈Computing Machinery and Intelligence〉一文,文章一開始便提出「機器能思考嗎?」的問題,讓人工智慧的概念,開始在人們心中萌芽茁壯。而這個問題便成為當代

電腦與哲學家不停探討的議題,因此**圖靈也被稱作「人工智慧之父」**。

圖靈在同一篇文章中,提出模仿遊戲(Imitation Game)的概念,後來被稱作**圖靈測試(Turing Test)。測試方式相當簡單,受試者提出一道問題,並且分別由人與機器來回答,如果受試者無法分辨出哪個是機器回答的答案,那麼就能證明,機器確實具有如同人類般的智慧**。這項測試方法,也奠定了人工智慧發展的基礎,並且沿用至今。圖靈對於人工智慧的發展可說至關重要,他提出的問題啟蒙了無數學子,激發更多人投入人工智慧的研究。

人工智慧首次提出:達特茅斯會議

人工智慧這個詞直到 1956 年達特茅斯會議中才被首次提出。會議正式名稱為達特茅斯夏季人工智慧研究計劃(Dartmouth Summer Research Project on Artificial Intelligence),會議由約翰‧麥卡錫(John McCarthy)發起。這個會議持續了一個月,目的就是為了探討機器能夠做到什麼,以及如何創造出具有人類智慧的機器。

達特茅斯會議可說是人工智慧研究的濫觴,正因這個會議探討了人工智慧的可能性,才能夠帶動眾多的學者,開始跟進

相關研究。而這些研究並不僅限於人工智慧，更包含有助於人工智慧發展的各項計算機科學、數理統計等研究，這些領域也是未來促使科技進步的理論基礎。因此我們認為，達特茅斯會議對於資訊科技發展，有著不可抹滅的影響力。

儘管人工智慧從研究到實際被產業廣泛應用，相隔好幾十年，但這期間，計算機科學、晶片設計的理論與技術也在持續發展，期間每一次的突破，皆被廣泛應用到產業界中。

達特茅斯會議的與會者，大都是計算機及數理學家，其中最著名的幾位專家，之後大多在資訊及人工智慧領域，有著卓越成就與貢獻。**就時序來看，電腦科學與人工智慧發展是並行的，最大差異在於，當人工智慧應用還未真正發展成熟時，電腦資訊的發展已在各個產業上有顯著的貢獻。**

達特茅斯會議中，有多位與會者影響著未來的資訊科技發展，他們在資訊領域上都有著很大的成就，為現今人工智慧成果奠定基礎。以下簡單介紹十位最有影響力的專家。

1. 約翰・麥卡錫（John McCarthy，1927～2011）

麥卡錫是達特茅斯會議的發起人，同時也是**提出「人工智慧」名詞的人**。他在 1951 年獲得普林斯頓大學數學博士學位，後於普林斯頓大學、史丹佛大學、達特茅斯學院、麻省理

工學院任教。麥卡錫最為人所知的,便是發明人工智慧語言 **LISP 程式語言(LISt Processing)**。他也曾推動創辦麻省理工學院的人工智慧實驗室,以及史丹佛的人工智慧實驗室,並於 1971 年獲頒圖靈獎。

2. 納撒尼爾・羅切斯特
 (Nathaniel Rochester,1919 ~ 2001)

羅切斯特於 1941 年取得麻省理工學院電氣工程學士學位,達特茅斯會議時,他是紐約波基普西市 IBM 公司的資訊研究總監,**開發了 IBM 第一台計算機 IBM 701**,同時在 IBM 監督數個人工智慧研究計劃。1958 年,他擔任麻省理工學院的客座教授,並幫助麥卡錫開發 LISP 語言,這是一種用於專家系統的程式語言,在第二波的人工智慧研究熱潮中被大量使用,是當時最重要的程式語言之一。

3. 雷・索羅門諾夫(Ray Solomonoff,1926 ~ 2008)

索羅門諾夫是機器學習的先驅之一,也是**演算法概率論的創始人**。他認為機器學習是以計算事件發生機率來取代計算事件的正確性,並使用先前解決問題的經驗,來為新問題建立可能的解決方案。1957 年發表了他最新有關概率的研究,同時

也是機器學習理論的第一篇論文。

4. 亞瑟・山謬（Arthur Lee Samuel，1911～1990）

山謬於 1926 年獲得麻省理工學院電機工程碩士學位。他觀察學習式演算法的特性，於 **1959 年時創立了「機器學習」，這個未來數十年間被廣泛使用的名詞**。同時，他也開發出第一個可以進行學習的下棋程式，該程式所使用到的搜索樹（Search Tree）演算法，也為後來的下棋程式建立了完整的基礎。1987 年獲頒 IEEE 電腦先鋒獎。

5. 克勞德・向農

（Claude Elwood Shannon，1916～2001）

向農是麻省理工學院博士，他提出了**資訊理論**（Information theory）用以探討訊號處理與傳遞的基本限制，並將熱物理學中「**熵**」（Entropy）的概念引入資訊領域當中，以衡量訊息或是機率當中的不確定性，對往後資料壓縮、資料傳輸、機器學習演算法等發展有著深遠的影響。向農也將邏輯的概念運用於電路中，為數位電路發展的先驅。在數位電路、機器學習、密碼學以及圖靈的機器理論等方面都有傑出的成果，被認為是**資訊理論之父**。

6. 艾倫‧紐厄爾（Allen Newell，1927～1992）

紐厄爾於 1957 年取得卡內基美隆大學工業管理博士學位，他曾參與研發**資訊處理語言（Information Processing Language，IPL）**，該語言是第一個被用於開發人工智慧程式的語言，紐厄爾在 1956 年與 1960 年時使用 IPL 分別開發了**邏輯理論家（Logic Theorist）**和**通用問題解決器（General Problem Solver）**，為當時最具代表性的人工智慧程式。IPL 也為後來 LISP 程式語言建立了基礎，於 1975 年獲頒圖靈獎。

7. 赫伯特‧亞歷山大‧賽門
（Herbert Alexander Simon，1916～2001）

賽門的漢名為司馬賀，他於 1943 年獲得芝加哥大學政治科學博士，1949 年被聘為卡內基美隆大學的教授。司馬賀是許多重要學術領域的創建人之一，如人工智慧、資訊處理、決策制定、注意力經濟、組織行為學等。他與紐厄爾一同研發了資訊處理語言、邏輯理論家以及通用問題解決器，是當時引領人工智慧發展的先鋒。他提出的決策理論與學習模型至今仍被大量使用，1975 年司馬賀與紐厄爾一同獲頒圖靈獎。

8. 特倫查德・莫爾（Trenchard More，1930～2019）

莫爾曾在麻省理工學院和耶魯大學任教，之後便在 IBM 的 Thomas J. Watson 研究中心和劍橋科學中心工作。莫爾所發表的陣列理論成為後來將數字、字母與符號進行結構化程式編寫的原理，也為現代程式編寫的技術奠定了基礎，對於電腦科學與人工智慧發展有著極深遠的影響。

9. 奧利佛・塞爾弗里奇（Oliver Selfridge，1926～2008）

塞爾弗里奇 1926 年出生於倫敦，他發表了許多與神經網路、圖形識別以及機器學習相關的論文，尤其是在 1958 年發表的〈Pandemonium：A Paradigm for Learning〉這篇論文，講述電腦視覺領域中以特徵與樣本進行比對的學習方式。論文中所使用的模型與問題的處理流程等，奠定了機器學習與神經網路發展的重要基礎，讓電腦知道如何進行影像辨識，**塞爾弗里奇也因此被稱為機器感知之父**。

10. 馬文・明斯基（Marvin Lee Minsky，1927～2016）

明斯基於 1954 年普林斯頓大學獲得數學博士學位。在麻省理工學院時，他與麥卡錫共同創立了人工智慧研究室，這是現在計算機科學與人工智慧實驗室的前身，也是**史上第一個專**

門研究人工智慧的實驗室。1951年，明斯基研發了第一個簡單的神經網路模擬器SNARC（Stochastic Neural Analog Reinforcement Calculator），不僅讓人們理解思想是如何產生的，也奠定了未來神經網路發展的基礎，1968年獲頒圖靈獎。

人工智慧第一波熱潮的興起與沒落

人工智慧研究熱潮，刺激著資訊領域的各種研究寬廣地展開，現今很多資訊相關領域的基礎都是在這時開始萌芽與發展，只是這些科技的實務應用程度不同，僅有少部分能進入產業，人工智慧技術就是其一。以下除了介紹人工智慧發展外，也將介紹第一波熱潮發展出來的神經網路與摩爾定律，讓大家更了解這時代背景，以及人類的思維能力。

達特茅斯會議的發起，開啟了人工智慧研究的第一波熱潮。當時研究的方向多偏向數理邏輯的領域，對大多數人而言，在這階段開發出的程式，幾乎可以解決所有的代數應用題，並且能證明幾何定理，以及學習和使用英語。在此之前，一般人無法相信，單單一台機器竟能有這麼高的智慧，也因此這波熱潮剛開始時，許多研究者們在私下的交流和公開發表的論文中，都對這項研究的前景抱持樂觀的態度。

然而，僅僅是解決數理問題已無法滿足研究者們的企圖

心，他們希望電腦除了能夠解決數理問題外，還能夠解決更多的問題。於是，包括美國國防高等研究計劃署（Defense Advanced Research Projects Agency，DARPA）、美國國家科學研究委員會（National Research Council，NRC）、英國政府等國家政府機構，相繼投入大量資金，希望研發出能解決更多領域問題的電腦。其中又以賽門、紐厄爾和約翰・克里夫・肖（John Clifford Shaw）三人於1957年發展的通用問題解決器最具代表性。

雖然投入大量資金，但硬體設備在當時的發展還不夠成熟，計算能力也跟不上設計出來的**演算法（Algorithm）**。由於當時的研究以解決代數題和數學證明為主，在實務上難以應用到產業，也讓人工智慧開始被人們視為是一場現代煉金術，企業與政府紛紛撤資、研究基金被削減、多個計劃被停止，可以說當時人工智慧的發展進入到寒冬期。

神經網路的起源

神經網路是一種模仿生物大腦運作的模型，最初在1943年被提出，在當時僅是模擬與觀察神經受刺激後的反應。而在第一波人工智慧的研究熱潮中，有些學者就想用模擬人腦的運作方式來賦予機器智慧，這項研究透過觀察人類神經反應，並

將其運用到電腦中的**類神經網路**。

　　類神經網路的構造其實很簡單，由神經元構成，當我們給神經元足夠的刺激，便會激化這個神經元，讓它能將這個刺激傳導下去，並由最後一個神經元判斷這個刺激的大小或種類來完成任務。神經網路在第一波熱潮中的發展，共歷經 4 個主要的時間點。

1. **神經元的模擬**：1943 年，華倫・麥克庫羅（Warren McCulloch）和華特・匹茲（Walter Pitts），提出一種使用**閾值邏輯（Threshold Logic）**的演算法，進行模擬神經運作的模型，這也是後來神經網路的起源。
2. **神經元的學習**：1949 年，唐納德・赫布（Donald Hebb）提出赫布理論（Hebbian theory），用於解釋學習過程中，腦中的神經元所產生的變化，人們也發現神經網路的結構有學習能力，**赫布因此被稱為神經網路之父**。
3. **使用電腦建立神經網路**：1954 年，貝爾蒙特・法利（Belmont Farley）和衛斯理・克拉克（Wesley Clark）首次使用電腦，做出了赫布網路。
4. **使用電腦建立可學習的神經網路**：1958 年，佛蘭克・

羅森布拉特（Frank Rosenblatt），利用神經的原理建立了**感知機（Perceptron）**，感知機的結構簡單，僅包含一個神經元，是最簡單的一種學習式神經網路。羅森布拉特認為，感知機非常具有潛力，相信最終感知機將具有可學習、做決策以及翻譯語言的能力，因此 1960 年代在此方面的相關研究非常活躍。

1969 年時，明斯基與西摩爾・派普特（Seymour Papert）在《*Perceptrons*》一書中，探討了以感知機為首的單層神經網路的優缺點，發現感知機無法解決簡單邏輯運算問題。雖然多層網路能夠解決這個問題，但是羅森布拉特還沒能將感知機的學習算法運用到多層的神經網路上，便於 1971 年過世了，以致人工神經網路的發展陷入停滯。

摩爾定律

在這波熱潮當中，演算法及硬體發展都極為迅速，因此造就出知名的**摩爾定律**。1965 年 Intel 的創始人戈登・摩爾（Gordon Moore）觀察電腦記憶體發展的**趨勢**，發現每 18 到 24 個月，新的晶片就會以兩倍的容量成長，因此預言半導體晶片整合的電晶體和電阻數量將每年增加一倍。

往後數十年間，經過兩次修改，現今的說法是由前 Intel 執行長大衛‧豪斯（David House）所提出，每 18 個月增加一倍。這幾十年下來，半導體的發展總體來說，確實依照摩爾定律順利的發展，電腦的效能也因此進步迅速，亦間接促成第三波人工智慧研究的熱潮。

人工智慧第一波熱潮的啟示

縱貫人類文明，不論是蒸汽機、飛機、電視、火藥等偉大的發明，其背後總有一個重要的原因，那便是追求理想，以謀求更好的生活。正因為人類具有探索的本能，因此在這數千年裡，才會不停地去思考，如何才能造就更為便利的生活。

電腦的發明便是因此產生，即使讓機器代替人做計算，從算盤演進到通用電腦也有近三、四千年的過程，這是長期知識的累積、社會的進步以及工業的發展導致，它是一個經由歷史推移後所產生的結果。以此為基礎，我們會發現人工智慧的發展也是如此，從最初這波熱潮僅僅只是從探索「機器能不能思考？」這樣也許沒有正確答案的問題開始。

從這段歷史發展，我們看到從圖靈開始到達特茅斯會議，再到第一次人工智慧熱潮，人們前仆後繼不斷找尋這個問題的答案，有了許多出色的成果，解決了許多數理計算上的問題。

然而，在數理方法之外，更持續研究另一種完全不一樣的思維，就是模擬人腦運作的類神經網路方法，這些無疑展現了**人類之所以強大的特質，是由於人類的思維裡，具備理想性地去探索未知，運用各種方法來解決問題**。而各領域的專業人士一起投入，也體現了人類合作與累積知識的重要性。

2-2　人工智慧第二波熱潮（1980年代）

人工智慧的定義

每個時代對於人工智慧的定義與內涵皆有所不同。最早由約翰・麥卡錫所提出，他認為所謂的**人工智慧，就是要讓機器的行為，能夠像人所表現出來的一樣**。

1980年，美國哲學家約翰・瑟爾（John Searle）進一步提出了**弱人工智慧（Weak AI）** 與**強人工智慧（Strong AI）** 的概念。**強人工智慧，是人工智慧具備與人類類似的廣泛智慧程度，能表現出通用智慧的智慧和行為；弱人工智慧相較於強人工智慧，只能做到較單一且狹窄的智慧程度，模擬人類的行為表現**。

2014年，尼克・博斯特倫（Nick Bostrom）根據瑟爾提出的定義，又再度提出**超人工智慧（Artificial Super**

圖 2-1　**人工智慧類型**

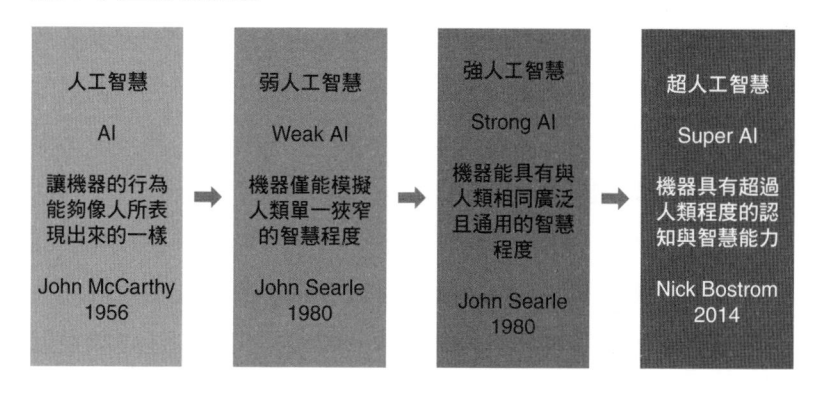

| 人工智慧
AI
讓機器的行為能夠像人所表現出來的一樣
John McCarthy
1956 | → | 弱人工智慧
Weak AI
機器僅能模擬人類單一狹窄的智慧程度
John Searle
1980 | → | 強人工智慧
Strong AI
機器能具有與人類相同廣泛且通用的智慧程度
John Searle
1980 | → | 超人工智慧
Super AI
機器具有超過人類程度的認知與智慧能力
Nick Bostrom
2014 |

Intelligence）的概念,簡稱為 Super AI,即**人工智慧能達到超過人類的認知與智慧能力**。人工智慧的定義如圖 2-1 所示。

博斯特倫認為,如不對人工智慧的研究提出限制,未來恐將造成不可彌補的後果,因而提出人工智慧的控管議題。然而,儘管此議題在過去就曾經被提及數次,但大多不被重視,所幸隨著近年來人工智慧的快速發展,這個議題開始逐漸成為主流。只是很多人都在擔心,「人類是否將被人工智慧主宰?」而這也將成為人工智慧發展的重要議題。

人工智慧的第二波研究熱潮

第一波人工智慧研究雖然退潮,但許多學者仍持續思考,

並試著另尋他路,在 1980 年代,終於找到了許多方法,讓人工智慧發展有了新的突破,其中主要包含三大技術,即**專家系統、機器學習及神經網路**。

1. 專家系統(Expert System)

1980 年代,名為「專家系統」的人工智慧程式,開始被全世界的企業廣為採納。**「專家系統」**是根據過去專家所累積的知識與經驗,建立起一個知識庫,並發展出能夠從問題來推演答案的一套系統,稱為推理機。簡單來說,推理機就是從專家知識庫中取得答案,以回答問題。

此時,知識庫系統和知識工程,也成為人工智慧研究的主要方向。1972 年史丹佛大學提出的一套稱為 MYCIN 的血液感染專家系統,透過訪談血液感染專家而建立知識規則,來協助診斷與建議療程。其達到大致與人類感染專家相當的能力。

2. 機器學習(Machine Learning)

「機器學習」是一門涵蓋電腦科學、統計學、機率論、博弈論等眾多理論來解決問題的技術,由機器自動從過去大量的資料中,學習資料特徵與模式來理解資料。它將問題從「是非題」變為「機率題」,以事件發生的機率來推斷事情發生的可

能性,就好比天氣預報,系統無法精確告訴我們明天會不會下雨,就改成告訴你明天下雨的機率有多少,即便如此這也對人們做出是否帶雨具出門有很大幫助。在此概念下,機器學習不僅增加了人工智慧發展的廣度,也提升了人工智慧的通用性。

3. 神經網路

神經網路的相關研究,自 1971 年羅森布拉特過世後便陷入了停滯期,直到 1986 年,大衛‧魯梅爾哈特(David Rumelhart)和傑佛瑞‧辛頓(Geoffrey Hinton)利用**反向傳播算法(Backpropagation)**解決了龐大的計算量問題,讓可以使用多層的神經網路變得可能。

以圖 2-2 為例,簡單來說,由於簡單的神經網路僅能以一條直線去區分不同類別的資料,所以當資料如左圖較為單純時就可以解決;但如右圖資料較為複雜時,便無法達到理想的效果。而使用多層的神經網路,也代表著可以處理更困難的問題,因此帶動了神經網路第二次的研究熱潮。

第五代電腦

藉由上述的三種方法,讓人們又再次看見人工智慧的可能性,各國政府與企業又相繼投入。其中日本在 1982 年宣布開

圖 2-2　**簡單神經網路無法解決的複雜問題**

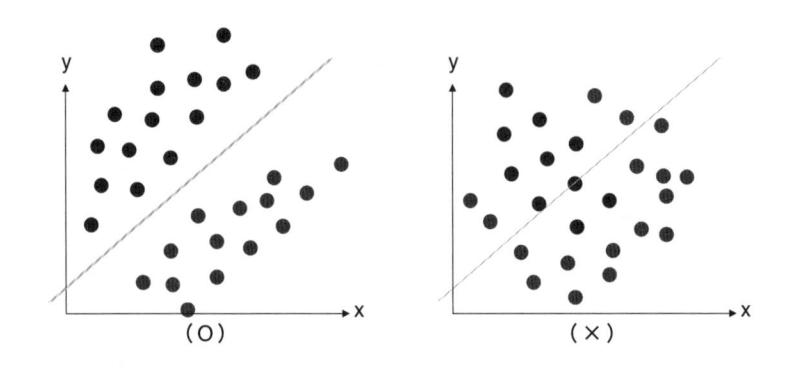

（O）　　　　　　　　（X）

始推動的第五代電腦計劃，其目的就是要發展出智慧型電腦。

　　第五代電腦結合了當時四種正在發展中的技術：**專家系統**、**超高階程式語言（Very high-level programming language）**、**分散式計算（Distributed computing）**以及**超大型積體電路**。目標是開發出一台可以完全理解自然語言及影像，並且能與人類進行交流的電腦。第五代電腦計劃利用超大型積體電路設計出全新的電腦晶片，接著將數百個晶片平行連接成一個大型電腦，利用 LISP 與用於邏輯推導的程式語言，接著建立語文字典找出規則，結合專家系統的演算方法，建立出人工智慧軟體系統與應用程式。

　　然而，此計劃在數年後的發展仍相當緩慢，隨著圖形化使

用介面的電腦問市,大幅降低電腦的使用門檻,對投資者來說,個人電腦的商機遠比第五代電腦來得高,而降低其投資意願,最終第五代電腦並沒有達到突破性進展,實為可惜。

人工智慧第二波熱潮的興起與衰敗

專家系統、機器學習及神經網路,造就了第二波的人工智慧繁榮期,相較於第一波熱潮,1980 年代這波熱潮看似更為繁榮與充滿希望。然而經過多年後,各個演算法發展遇上了瓶頸,硬體也遭遇到資金與市場上的挫折,最終第二波熱潮仍然走向衰敗的命運。

專家系統礙於知識庫建立受限於專家知識、且不同專家對於知識的認知與推演不一樣,再加上知識庫建立成本高與不容易移轉到不同領域等原因,雖然有很好的成功經驗,卻無法有效被移轉到業界應用。

神經網路由於計算量過於龐大,進行學習的過程需要大量運算,運算量遠大於其他演算法。雖然辛頓提出反向傳播算法,但後來發現在超過三層的神經網路其效果有限,會遇到**「梯度消失」**(Gradient Vanishing)的問題,讓神經網路幾乎無法持續學習,就如同傳話遊戲一般,傳話的人數過多,有些字句便會在傳遞的過程中遺落或失真一般,使得神經網路沒辦

法有效的學習，導致最後效果不佳，所以神經網路的演算法與運算量問題限制了神經網路的發展。

　　機器學習雖然有不錯的成效，但受限於進步幅度與準確度。許多傳統機器學習方法雖能夠在較少資料下，達到不錯的效果，但隨著資料量增加，正確率卻很難有進一步的提升；而且在不同領域問題表現落差很大，如某些自然語言處理領域可能正確率僅能達 60% 或以下，無法實現人們對於人工智慧的高度期望。

　　第二波人工智慧的發展，離不開麥卡錫等人發明的程式語言 LISP，在當時以專家系統為首的人工智慧研究，基本上都是使用 LISP 撰寫，而人工智慧的熱潮退去，也導致 1987 年 LISP 機器市場萎縮。美國政府自 1983 年資助人工智慧的戰略計算計劃（Strategic Computing Initiative）開始大幅削減預算。美國國防高等研究計劃署也排除了人工智慧發展的可能性，決定停止撥款。而就在 1980 年代由 IBM 和蘋果（Apple）為首生產的個人電腦開始需求大幅增加，市場風向丕變，也讓人工智慧研究邁入第二次的寒冬期。

　　雖然這一次的熱潮仍然以失敗告終，但是人們追尋真理的思維本能卻不容小覷。每當看似毫無希望時，卻總是柳暗花明又一村。儘管沒能留下完美的結局，但是這一波熱潮中所產生

的知識,卻也讓人工智慧的發展更進一步,並且在三十年後產生出更好的結果,成為產業應用的重要工具。

2-3　人工智慧第三波熱潮(2010年代)

第三波的熱潮來得非常巧妙,原因在於大多阻礙神經網路發展的問題,在這個時間點都得到了解答,讓人感到非常意外。但事實上,它是經過了兩次的失敗,藉由長期經驗的累積與各領域人才無私的奉獻,才能結出的完美果實。**這一波的熱潮,有三個關鍵要素,就是演算法、大數據以及運算力。**

1. 神經網路的突破——演算法

在第二波的人工智慧熱潮中,神經網路的研究遇到了問題,為了解決此問題,2006年辛頓與他的學生將多層的神經網路兩層一組作為子網路進行學習,讓這些子網路能夠自行察覺資料的特徵,最後再將這些子網路合併進行完整的學習。就像傳話遊戲先將兩人分為一組,並了解各自的傳話習慣後,所有人再一起進行遊戲,如此便解決了梯度消失的問題。

辛頓將這樣的學習方式,使用在他們所建立的**深度信念網路(Deep Belief Network)**模型上,使得神經網路發展因此

獲得重大突破，讓反向傳播算法能有效用於超過三層的神經網路，讓神經網路可以做更深的架構設計，從而產生更佳效果，也能被應用到更多元的領域，而**辛頓也將超過三層的神經網路重新命名為「深度學習網路」，自此神經網路成為這波熱潮的主軸，辛頓也因此被稱作深度學習之父。**

2. 大數據（Big Data）

2006 年，時任伊利諾伊大學香檳分校計算機教授李飛飛（Fei-Fei Li）強調，**即使再好再強的演算法，如果使用的數據無法反映真實世界的情況，那麼這樣的演算法便會失去它應有的價值。**

於是 2007 年，李飛飛開始致力於數據集的建設，經過兩年的努力，終於完成這個龐大的工程，並在 2009 年舉辦 **ImageNet 影像處理競賽（ImageNet Large Scale Visual Recognition Challenge）**。很快地，ImageNet 舉辦的比賽便被稱為**電腦視覺界的奧林匹克競賽**。同時，ImageNet 也給予了神經網路需要的大量資料來進行訓練，在世人面前展現強大優勢的機會。2012 年的 ImageNet 影像分類競賽，辛頓的兩位學生贏得比賽，也成為人工智慧發展過程最重要的里程碑之一。

3. 運算力

雖然神經網路的發展有所突破，但是多層的神經網路學習時間仍然比其他演算法慢上許多，也因此限制了它的發展性。2007 年，由黃仁勳所創辦的半導體公司輝達（NVIDIA），開發出能夠自動調配**圖形處理器 GPU（Graphics Processing Unit）**，以進行平行運算的函式庫 **CUDA（Compute Unified Device Architecture）**。使用 GPU 來進行平行運算，程式的執行速度便可數倍地大幅提升，提供強大的運算力。**GPU 的平行運算正好能夠解決神經網路最後一個不足之處——學習時間過長，大幅減少學習時間**。至此，神經網路開始受到大眾的重視，並開啟了人工智慧的第三波熱潮。

人工智慧的第三波熱潮

2012 年，辛頓和他的兩名學生亞歷克斯‧克里澤夫斯基（Alex Krizhevsky）、伊爾亞‧蘇茨克維（Ilya Sutskever）參加了 ImageNet 競賽，以深度學習的方式為主，建構了 8 層的神經網路 AlexNet，並在分類比賽中以 16% 的錯誤率取得第一名，錯誤率較前一年整整低了 10%，在此之後深度學習的名聲大噪，成為第三波人工智慧熱潮的主因。由辛頓和他的學生所成立、專注於語音和圖像識別技術的研究公司 DNN research 也在隔年被 Google 收購，辛頓也成為了 Google 的副總裁。

人工智慧的研究自此開始圍繞著深度學習，並且有了迅速的發展，而神經網路深度也持續擴增。2015 年，在 ImageNet 競賽中獲得冠軍的團隊，採用 152 層的神經網路，錯誤率達到 3.6%，低於人類 5.1% 的錯誤率。這也意味著，以深度學習進行圖像分類的能力，已超越人類的表現。

迅速崛起的人工智慧

2016 年，Google 的人工智慧團隊 DeepMind 發展的人工智慧程式 AlphaGo 與圍棋冠軍九段的世界冠軍李世乭對弈，AlphaGo 最終以 4：1 而擊敗了李世乭，這場被稱為世紀對決的比賽，正是將人工智慧的熱潮推到史無前例高峰的關鍵。

緊接著，2017 年 5 月，AlphaGo 擊敗中國的世界棋王柯潔。AlphaGo 所使用到的強化學習模型，吸引大量學者進行研究。同年 10 月，從來沒有學習過圍棋的 AlphaGo Zero 透過從頭學習，並藉由自我對弈近五百萬局棋，使其可以在 40 天之後超越 AlphaGo，這也讓人們開始探討，如何不須經由人類知識的學習方法展開研究。甚至在同年 12 月，DeepMind 在 **arXiv** 發表新論文，展示了 AlphaZero 可以下西洋棋、日本將

棋、圍棋等不同的棋種,無疑證明了神經網路能夠通用化的可能性。

神經網路研究快速應用至產業

時至今日,每年對於神經網路的研究,都有新的發想與重要概念被提出,像是**聯邦學習(Federated Learning)、神經網路自我監督學習(Self-supervised Learning)**等,使得研究人員必須不停地去更新自己的研究知識,以追上這個成長快速的領域。同時,也有許多模型與 AlexNet 相同,藉由開源讓使用者可以快速應用該模型到各個產業上,如 GAN、ResNet、Transformer 等等。

從人工智慧的第三波熱潮可以發現,**人工智慧的進步幅度愈來愈快,更因深度學習領域所面臨的各種問題,在此時都能找到解決辦法**,人工智慧甚至可以從零學習。時至今日,要創造出一個能夠自我學習、通用化的人工智慧已非不可能。

我們身處在一個科技發展發達的年代,不論是交通、通訊和網路技術等都已相當成熟,如今可以說是最適合人工智慧研究的時代,而大眾也開始重視數據,並思考起自身的行業所產出的各式數據能夠如何應用。在這些條件下,人工智慧的發展迅速,甚至讓社會上各行各業、形形色色的人,對於人工智慧

都能夠有一定的認知。

或許,第三波的人工智慧熱潮與前兩次會相當不同,如今的神經網路無時無刻都在進步,而人類目前還尚未找出它的侷限性,在過去被認為難以做到利用自然語言進行的人機互動也已被實現。

這波熱潮不僅限於電腦與數學專家的研究,各行各業相繼投入,讓人工智慧的研究能夠更完善,職業棋手樊麾便是最好的例子,他受邀從法國來到英國 DeepMind 公司與 AlphaGo 對弈,儘管最終還是敗給了 AlphaGo,但同時也讓他意識到人工智慧發展的契機,決定加入 DeepMind 團隊成為 AlphaGo 的最佳測試員,正因為他的加入,讓 DeepMind 能找出 AlphaGo 的弱點並在之後做出修正,也讓團隊打造出足以擊敗世界棋王的 AlphaGo。

2-4　人工智慧第四波熱潮

ChatGPT 的誕生,徹底顛覆人們對既有 AI 應用的想像,讓「生成式 AI」成為 2023 年最火紅的關鍵字,更帶動「大型語言模型」的商用化及產業化,掀起人工智慧第四波熱潮。

ChatGPT 誕生的起點：Transformer 模型

如果要問 ChatGPT 誕生最關鍵的因素是什麼？那我們會說，2017 年由 Google 旗下深度學習與人工智慧科研專案團隊 Google Brain 所開發出的 Transformer 模型，正是 ChatGPT 誕生的起點。因為真正支持 ChatGPT 應用的關鍵技術，並非是從零開始研發，而是建構在 Google 開發的 Transformer 模型之上。

簡單來說，Transformer 模型起初只是一種變形轉換器，曾被運用在優化 Google 翻譯功能，但 OpenAI 透過「先做預訓練（Pre-Training）、後進行微調（Fine Turning）」的方式，大量餵資料給 Transformer 模型，創造出一個全新的通用模型 GPT，不僅能夠做到透過文字生成文字，還提供寫作、寫信、摘要、翻譯、對話、情緒分析、常識推理等多項任務。

在 2018 年 6 月，OpenAI 以 5GB 文本，訓練出具有 1.17 億個參數的模型，也就是最初版的 GPT。模型參數量就好比人類的腦容量，隨著嬰兒長大成人，腦容量不斷增加，處理資訊的能力也會不斷提升。因此，OpenAI 在 2019 年推出 GPT-2，2020 年訓練出 GPT-3，達到 1,750 億個參數量。但即便如此，當時產業界與一般民眾卻難以體會到這項模型所帶來的巨大效益。直到 2022 年，OpenAI 透過 GPT-3.5，開發出擁有與

人對話能力的聊天機器人ChatGPT，才讓GPT的技術與實際應用的成果被廣為人知，也讓「大型語言模型」開始廣泛被產業界應用。

由於微軟在2019年看好GPT模型在未來的潛在應用能力，向OpenAI投注10億美元的資金，並在2020年取得GPT-3獨家授權，用極快的速度，將所擁有的各項技術與自家產品整合，推出Azure OpenAI服務；並將GPT納入自家旗下的搜尋引擎Bing，整合原有產品推出Copilot新服務，以現階段的產業局勢來看，微軟不僅是讓GPT模型技術得以成功的關鍵推手，更是快速將「大型語言模型」商用化、最具優勢的先進者。

「大型語言模型」的戰國時代

為了不讓微軟獨占鰲頭，許多企業與學術機構在2023年紛紛跟進，發表自行研發的大型語言模型（LLM），像是科技巨擘Google與Meta也不甘示弱，分別推出Bard、Gemini與Llama、Llama2、Llama3；新創Stability AI與Databricks推出Stable與Dolly，還有史丹佛大學團隊開發出的Alpaca等，正式開啟「大型語言模型」的戰國時代。

未來AI發展將朝向大資金競局（Capital Game）的形勢

發展，就如同我們現在取得電力的方式一樣，一般民眾為了取得電力，不可能自己蓋電廠，但可以透過繳電費來取得並使用電力；反之，對於電廠業者來說，是透過收取民眾繳交的電費來獲得收入，以支撐電廠的營運。

同樣道理，未來，使用者可透過繳交月費，使用如 ChatGPT 這樣的 AI 應用相關服務，而提供 ChatGPT 應用服務的企業 OpenAI，透過使用者付費來獲利，以維持新的 AI 發展技術與應用研發，為企業自身創造更多收益，如此就形成一個 AI 應用可以**「智力像電力般地讓我們隨手可得」**的新商業模式。

人工智慧第四波熱潮幕後推手

以下簡短介紹，促成人工智慧第四波熱潮的數位重要幕後推手，來了解這波熱潮的發展背景。

1. 馬斯克（Elon Musk）

2015 年，馬斯克與山姆・阿特曼（Sam Altman）等人，初期以 10 億美元的資金創立 OpenAI，起初 OpenAI 是一家非營利研究性創業公司。到了 2019 年 2 月，馬斯克直言「並不認同 OpenAI 團隊想做的一些事情」，宣布離開 OpenAI 團隊。

OpenAI 隨即在 3 月創立「營利」公司 OpenAI LP 以吸引更多投資，隨後微軟也在同年注資 10 億美元。

隨著 ChatGPT 爆紅，馬斯克在 2023 年 3 月，與蘋果共同創辦人史蒂夫‧沃茲尼克（Steve Wozniak）、Stability AI 執行長埃馬德‧莫斯塔克（Emad Mostaque）等 1,300 多名科技領袖和研究人員，發布一封公開信，呼籲 AI 界暫停開發比 ChatGPT 的 GPT-4 更進階的模型至少半年。然而公開信發布沒多久，2023 年 4 月，馬斯克就大動作表示，將推出名為「真相 GPT」（TruthGPT）的人工智慧平台，7 月 13 日則正式宣布成立新的 AI 公司，命名為 xAI，以實踐其想法。

2. 山姆‧阿特曼

OpenAI 執行長山姆‧阿特曼可以說是一位商業界的佼佼者，在創立 OpenAI 之前，阿特曼共有兩次創業經驗。2005 年和兩位同學首次創業，共同開發出移動應用程式 Loopt；2012 年第二次創業，成立了一家風險基金公司 Hydrazine Capital。2014 年被任命為新創加速器 Y Combinator 總裁。隨後於 2015 年與馬斯克等人創立 OpenAI，並於 2022 年帶領團隊推出 ChatGPT，從此聲名大噪。

阿特曼也帶領團隊推出創業基金計劃 OpenAI Startup

Fund，投資 1 億美元幫助新創企業開發出以 OpenAI 技術為基底的多元 AI 應用，此舉不僅是投資，而是結合眾多企業的力量，擴大 OpenAI 服務的生態系。像是 OpenAI 投資的一家名為 Harvey AI 的新創，就是以 OpenAI 創造的 GPT 模型技術作為基礎，打造出一款法律 AI 聊天機器人，不僅能協助律師處理法律文件、合同，還能將法律文件分類、分析，甚至提出建議。阿特曼成功將 AI 發展帶到前所未有的新高度，開啟 AI 領域的大資金競局。

3. 八位 Transformer 研發者

Transformer 在 2017 年被提出，是一種神經網路模型，最初被使用於機器翻譯任務，現今則是創造出大語言模型的根基。Transformer 的研發者共有 8 位，他們目前仍持續活躍於 AI 產業。伊利亞・波洛蘇欣（Illia Polosukhin）擔任一家致力於 Web3 技術的新創公司 NEAR 共同創辦人；阿希什・瓦斯瓦尼（Ashish Vaswani）與尼基・帕默（Niki Parmar）則是共同創辦名為 Stealth 的新創公司；盧卡斯・凱撒（Lukasz Kaiser）則在 2021 年加入 OpenAI 擔任研究員；諾姆・沙澤爾（Noam Shazeer）在 2021 年起加入 Character.AI 擔任執行長；雅各布・烏什科里特（Jakob Uszkoreit）則是在 2021 年

成為 Inceptive 共同創辦人；艾丹・戈麥斯（Aidan Gomez）在 2019 年成為 AI 新創 Cohere 共同創辦人兼執行長，而里昂・瓊斯（Llion Jones）目前仍在 Google 擔任軟體工程師。

4. 薩提亞・納德拉（Satya Nadella）

2014 年 2 月，薩提亞・納德拉成為微軟執行長。獨具慧眼的納德拉立下許多戰功，一步步帶領微軟再次崛起。他將舊有 Office 功能轉成 Office 365 雲端方案；2020 年疫情來襲時大力投入視訊系統 Teams，打敗 Zoom 成為視訊一哥；2019 年大膽投資 10 億美元在 OpenAI，讓當時即將面臨資金耗盡的 OpenAI 得以發展出更大規模的 GPT 模型，讓 OpenAI 成為全球最受矚目 AI 技術公司。微軟更在 2023 年 1 月加碼投資 100 億美元於 OpenAI，並獨家掌握 OpenAI 技術授權，讓微軟有了再次登上 AI 霸主寶座的機會。

微軟大力將 GPT 模型融入自家產品生態系，提升其產品競爭力。將 OpenAI 服務整合進 Azure 生態；將 GPT-4 與搜尋引擎 Bing 整合，讓原本微軟早已不被重視的瀏覽器 Edge 及網路搜尋引擎 Bing 再次重回大眾的視線，正面挑戰 Google 搜尋引擎霸主的地位。

微軟更升級 AI 聊天助手「Copilot」，讓它不僅能像 Bing

Chat 一樣可用來進行問答及搜尋，更可以直接對作業系統（Operating System, OS）進行設定，甚至能控制電腦功能；還能結合包含 Adobe、Canva、Spotify 等超過 50 種的外掛程式。納德拉強調，進入 AI 時代，「現在我們創造的一切不只是針對一小群人，而是可以改變全球 80 億人的生活。」

5. 桑達‧皮采（Sundar Pichai）

2015 年 8 月 10 日，Google 對外宣布進行組織重整，桑達‧皮采也在此時接任 Google 執行長一職。2015 年可以說是 Google 的 AI 元年，皮采在 I/O 開發者大會上，宣布 Google 將成為一家「AI 優先」（AI First）企業。自此 7 年多來，Google 陸續創立人工智慧研究部門 Google Brain 與 DeepMind，成為全球 AI 發展的霸主。

隨著 OpenAI 與微軟強強聯手，先行搶占生成式 AI 商機，也讓原本就背負「成功者束縛」的 Google 備感壓力。2023 年 2 月 7 日，Google 首度推出 AI 聊天機器人 Bard，卻因誤答事件而失利，造成 Google 母公司 Alphabet 股價狂跌 9%。

之後 Google 積極亡羊補牢，先是在 2023 年 4 月合併 DeepMind、Brain 兩大團隊，加速生成式 AI 發展與強化 GCP 生態系，陸續推出各種模型與服務。2024 年 2 月 Google 推出

新語言模型 Gemini pro，並將 Bard 聊天機器人改命名為 Gemini 聊天機器人，同時支援文字與圖形的生成能力。當既有成功者 Google 對上 OpenAI 與微軟組成的破壞式創新者聯盟，這場 AI 應用疆土保衛戰鹿死誰手，值得拭目以待。

人工智慧發展路徑

縱觀來看，人工智慧這幾波 AI 熱潮起因，都是為了解決某些問題而誕生，在不斷地解決已知問題，將成果不斷地推進，再加上對於未知的追求，創造現在這個人工智慧的成果，如圖 2-3 所示。

第一波人工智慧熱潮，探討的核心議題是，機器究竟能不能像人類一樣思考，利用邏輯數理針對問題進行推論、探索，但是無法有效解決實際問題，因而告終。

第二波熱潮，試著解決實務上的問題，因而誕生出了機器學習、神經網路以及專家系統這三種方法。其中，專家系統儘管有很好成效，也被企業採納，但仍受限於知識庫建立成本高，成果不易轉到不同領域等因素，最終沒有廣泛進入產業。

第三波熱潮，利用深度學習架構，自動學習大量資料的特徵，及特徵之間的關係，讓深度學習的技術開始快速且廣泛地發展，產業智慧應用大量建立與採用。

圖 2-3 **人工智慧發展路徑圖**

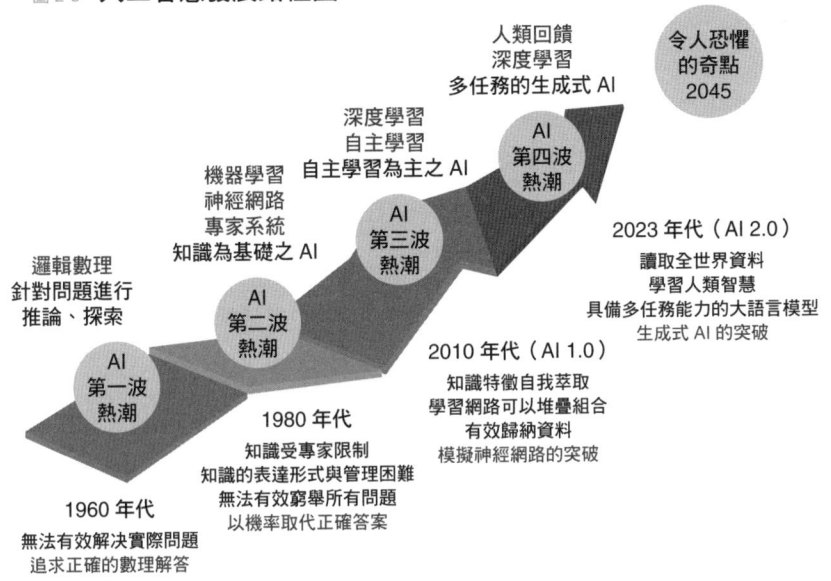

AI 第一波熱潮
邏輯數理
針對問題進行
推論、探索
1960 年代
無法有效解決實際問題
追求正確的數理解答

AI 第二波熱潮
機器學習
神經網路
專家系統
知識為基礎之 AI
1980 年代
知識受專家限制
知識的表達形式與管理困難
無法有效窮舉所有問題
以機率取代正確答案

AI 第三波熱潮
深度學習
自主學習
自主學習為主之 AI
2010 年代（AI 1.0）
知識特徵自我萃取
學習網路可以堆疊組合
有效歸納資料
模擬神經網路的突破

AI 第四波熱潮
人類回饋
深度學習
多任務的生成式 AI
2023 年代（AI 2.0）
讀取全世界資料
學習人類智慧
具備多任務能力的大語言模型
生成式 AI 的突破

令人恐懼的奇點 2045

　　第四波熱潮，以一個讀會全世界資料，可以回答全世界問題的理想，運用深度學習基礎，訓練具龐大千億級大參數的大語言模型，可以更廣泛地完成創造性應用，讓應用更貼近生活與容易使用，延伸更廣的人工智慧能力。

　　從圖 2-3 與圖 2-4 來看，我們可以發現很多資訊領域的技術都是同時進行，只是技術成熟與進入產業的時間不同。而每隔一段時間，人工智慧的發展就有重大突破，雖然目前仍看不

圖 2-4 **AI 發展路徑時序圖**

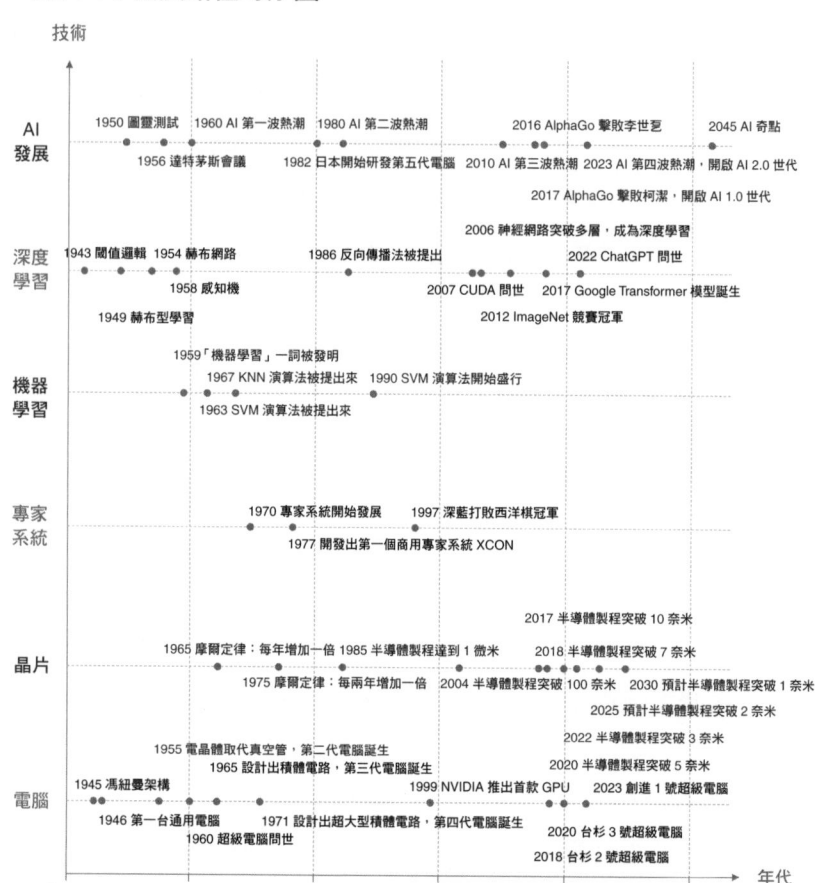

技術

AI 發展
- 1950 圖靈測試
- 1956 達特茅斯會議
- 1960 AI 第一波熱潮
- 1980 AI 第二波熱潮
- 1982 日本開始研發第五代電腦
- 2010 AI 第三波熱潮
- 2016 AlphaGo 擊敗李世乭
- 2017 AlphaGo 擊敗柯潔，開啟 AI 1.0 世代
- 2023 AI 第四波熱潮，開啟 AI 2.0 世代
- 2045 AI 奇點

深度學習
- 1943 閾值邏輯
- 1949 赫布型學習
- 1954 赫布網路
- 1958 感知機
- 1986 反向傳播法被提出
- 2006 神經網路突破多層，成為深度學習
- 2007 CUDA 問世
- 2012 ImageNet 競賽冠軍
- 2017 Google Transformer 模型誕生
- 2022 ChatGPT 問世

機器學習
- 1959「機器學習」一詞被發明
- 1963 SVM 演算法被提出來
- 1967 KNN 演算法被提出來
- 1990 SVM 演算法開始盛行

專家系統
- 1970 專家系統開始發展
- 1977 開發出第一個商用專家系統 XCON
- 1997 深藍打敗西洋棋冠軍

晶片
- 1965 摩爾定律：每年增加一倍
- 1975 摩爾定律：每兩年增加一倍
- 1985 半導體製程達到 1 微米
- 2004 半導體製程突破 100 奈米
- 2017 半導體製程突破 10 奈米
- 2018 半導體製程突破 7 奈米
- 2020 半導體製程突破 5 奈米
- 2022 半導體製程突破 3 奈米
- 2025 預計半導體製程突破 2 奈米
- 2030 預計半導體製程突破 1 奈米

電腦
- 1945 馮紐曼架構
- 1946 第一台通用電腦
- 1955 電晶體取代真空管，第二代電腦誕生
- 1960 超級電腦問世
- 1965 設計出積體電路，第三代電腦誕生
- 1971 設計出超大型積體電路，第四代電腦誕生
- 1999 NVIDIA 推出首款 GPU
- 2018 台杉 2 號超級電腦
- 2020 台杉 3 號超級電腦
- 2023 創建 1 號超級電腦

年代：1940　1960　1980　2000　2020　2040

到盡頭，但在不遠的未來，或許比深度學習還強大的方法會問世，屆時，也許人類真的能見識到強人工智慧的強大能力。

AI 歷史思維的發展，正是人類原始思維能力的最佳證明，人類具有高度理想性與解決問題的能力，容納更多想法以及追求解答的堅持，就是創造成就的主因，也是 AI 發展史帶給我們最重要的啟示。

第三章

AI 2.0 世代的機遇與挑戰

1997 年手機大廠諾基亞（Nokia）有句很有名的廣告詞：「科技始終來自於人性」（Connecting People），時間快轉到 10 年後，2007 年 iPhone 問世，自此智慧型手機創造了人類對於資訊科技與生活的全新想像；20 年後，2017 年全球 AI 應用大爆發，從個人的日常生活到全球的產業趨勢，皆隨著科技不斷更迭演變，沒有盡頭。

2022 年底，ChatGPT 引爆全球 AI 新風潮，2023 年更被視為「AI 2.0」元年，本章將帶領讀者深入了解，從 AI 1.0 到 AI 2.0，其思維究竟產生哪些重大轉變？以及產業將產生什麼樣的變革？

3-1　AI 1.0 與 AI 2.0 的思維本質

AI 發展迅速，短短 5 年多的時間，即從 AI 1.0 邁入 AI 2.0，這兩者在特徵、架構、模型、產業推動與管理有什麼差別呢？事實上，AI 1.0 及 AI 2.0 各有其特質與應用方式，兩者是互相為用，不是 AI 2.0 取代 AI 1.0，而是在智慧應用的發展上，選取適合的技術來實現，所以對於 AI 1.0 及 AI 2.0 本質的認識實為首重之務。

AI 1.0 與 AI 2.0 特徵的差異

人類的智慧可以透過多種方式表達，可能是文字、語言、繪畫等，而 AI 2.0 世代下的生成式 AI，就如同具備人類智慧般，能自行生成文章、繪畫、譜曲、唱歌等。2024 年 5 月 29 日，輝達創辦人黃仁勳受邀到台北國際電腦大展進行專題演講，並為在場所有觀眾展示生成式 AI 的最新應用，其中最令人印象深刻的是，黃仁勳簡單即興地說出四句話，生成式 AI 便能自行編曲並唱出來，充分展現出 AI 2.0 最大的精神「將人的智慧系統化」。

以往，**AI 1.0 世代將「人的經驗系統化」**，就好比一家販賣玩具的工廠可以建立庫存系統，管理每項零件的出入庫狀

況。然而,當某種製造玩具的零件低於安全庫存量,需要進一步採購時,過往只能派出經驗老到的主管,依照淡旺季、經濟社會現況等因素來預估採購量。而運用 AI 1.0 科技,不必只倚賴人腦來決定採購量,只要將過去各時期的採購量、實際銷售量、氣候等資料大量餵給 AI,讓 AI 可以學習人的經驗並建立採購模型,就能直接給出建議的採購量,甚至還能做到自動下單。這種將熟練採購專家的經驗轉換為採購模型的方式,得以讓企業的經營效率獲得提升。

AI 2.0 世代則將「人的智慧系統化」,AI 從各種廣泛資料學習各種人的經驗,而變成一個具有廣泛能力的模型。過往要寫一篇故事、一項企劃案或寫出一篇文章總結,只能由人來完成,但現在這些都能藉由 AI 輕鬆完成。

AI 1.0 與 AI 2.0 的應用特徵也相當不同,像是在 AI 1.0 世代,AI 通常被應用在自動化與智慧化融合的特定場域,例如生產線、庫存與會計系統等。但 AI 2.0 世代,AI 成為人們生活中無所不知、無所不曉的個人顧問,需要時打開,不需要時關起來,就像使用電力一樣隨手可得。

AI 1.0 與 AI 2.0 基礎架構與模型比較

AI 1.0 的基礎架構為深度神經網路(Deep Neural

Networks，DNN），主要是在 2006 年，由辛頓與團隊提出的「深度學習」的概念而來。**AI 2.0 的基礎架構，主要是建構在由 Google 於 2017 年發表的 Transformer 模型之上，使用的模型屬於通用模型**，像是建構出 ChatGPT 應用的大型語言模型，就是建立在 Transformer 模型之上的產物。

在技術、型態以及模型方面，AI 1.0 發展以深度學習為主，應用聚焦在辨識，使用模型屬於專用模型，擁有的參數量以數萬至數千萬不等。AI 1.0 是結合多種專用模型，開發出專業智慧應用，來解決一個問題或完成單一任務，能夠做到辨識、預測、模擬為主。

AI 2.0 應用聚焦在生成，使用模型屬於通用模型，以大型語言模型（LLM）為主，擁有數億至數千億的參數量，運用一個模型可以解決多種問題或執行多項任務，只要透過對話，就可以運用生成式 AI 模型，能做為企業與個人的生產力工具，能夠做到認知、理解、推理。

AI 1.0 與 AI 2.0 產業推動和管理

AI 1.0 世代，企業不斷積極擁抱 AI 技術，但到了 AI 2.0 世代，人們開始重視 AI 信任議題，AI 不僅要能持續提升智慧應用，還必須要可信任，因此促成 AI 2.0 的「雙引擎推動」。

在管理方面，AI 1.0 著重「AI 工程」，建立有制度的管理程序，AI 2.0 著重「AI 治理」，朝著「以人為本、永續發展、可信任 AI」的目標持續發展；在產業支持方面，AI 1.0 主要提升企業的生產力與智慧化，AI 2.0 則能支持產業持續擴充與成長；AI 1.0 傾向於專案或訂閱計費，AI 2.0 則是走向流量計費，而隨著 AI 愈加蓬勃發展，歧視、不公、隱私、個資、道德、倫理等問題也漸漸浮現，也正是 AI 2.0 世代必須面臨及解決的重要議題。

　　以上從基礎架構、模型、應用與推廣來探討 AI 1.0 與 AI 2.0，可以發現在本質上有不同特徵與應用方式，所以需要用不同思維來做思考與應用，表 3-1 從多種不同角度，來分析 AI 1.0 與 AI 2.0 之差異處。

AI 1.0 產業智慧化

　　過往數十年的產業自動化，造就台灣製造業的蓬勃發展，在 AI 應用還未導入產業前，自動化可以說是製造業的最佳幫手，能夠替代人類完成以往必須倚靠大量人力、且不斷重複的工作。然而，儘管自動化能幫助企業減少大量人力成本，但其最大的限制是只能應用在單純、高重複性的工作任務上，自動化才能發揮其效用。但在實務上，許多工作任務並沒有規則可

表 3-1　**AI 1.0 與 AI 2.0 比較表**

項次	AI 1.0	AI 2.0
精神	將人的經驗系統化	將人的智慧系統化
特徵	自動化＋智慧化融入應用	讓智力像電力一樣隨手可得
技術	深度學習為主	生成式 AI 為主
基礎架構	深度神經網路（DNN）	變形轉換器（Transformer）
技術年度	2006	2017
主要貢獻者	Hinton	Google
使用	模型專用	模型通用
模型規模	較小，以數萬參數量開始到數千萬參數量	很大，愈來愈大，以數億參數量到數千億參數量
模型樣貌	以分類模型為主	以大語言模型（LLM）為主
型態	辨識	生成
能力	辨識、預測、模擬	認知、理解、推理
任務	單一任務	多任務
運用方式	開發	對話（Prompt）
推動方式	智慧應用	智慧應用＋可信任 AI（雙引擎推動）
管理方式	AI 工程	AI 治理
產業支持	提升生產力與智慧化	產業持續擴充與成長
計費	專案計費或訂閱計費	專案計費或流量計費
ESG 支持	未重視治理，應用出現如歧視、不公、隱私、個資、道德、倫理等問題	重視治理，應用出現更加廣泛與嚴重問題，希望透過法規力量，協助解決 AI 的不良影響

循,而是需要高度倚賴人的判斷力與分析才得以完成。就如同在製造業產線上工作多年的老師傅,只要透過耳朵一聽,就能判斷出產線機台是否出現狀況,這就是所謂「經驗累積下的結果」。

AI 1.0 正是將人類過往的經驗,透過數據大量餵給 AI,讓其得以學會人類的判斷力。如同老師傅聽到產線機台發出某些特殊聲音,就能判斷機台出現狀況,我們只要將這些聲音收集起來,並將對應狀態經驗標註上去,就能成為訓練 AI 的資料,大量餵給 AI 學習建立辨識模型。之後只要機台發出這些特定聲音,那麼 AI 就能像老師傅一樣提醒我們,機台可能出現狀況。

AI 1.0 世代的產業應用特點,主要是針對專業、單一應用情境處理的人類經驗系統化。例如,製造業的瑕疵檢測、預修保養、數據分析、數位孿生;服務與零售產業的智能服務機器人、推薦系統、輿情分析,或是醫療產業的醫療影像辨識、病歷分析等。AI 1.0 不僅讓企業的製造生產及研發能力大增,連帶將智慧化融入產業,進一步帶動產業 AI 化、AI 產業化,讓 AI 應用能真正走進企業實務。

AI 2.0 智慧深入化

進入 AI 2.0 世代，**AI 2.0 的應用能力不再侷限於特定專業、單一的應用情境，而是透過一個大語言模型，提供多整合應用情境，變得更加全能且多元**。有了大型語言模型的加持，AI 不僅能吸收人類過往的各種經驗，更能幫助我們完成多種工作任務。

AI 1.0 是將人類經驗系統化，每種經驗都需要建立一個模型，可以被視為「點」的能力展現。AI 2.0 是將人的智慧系統化，能夠將不同人的多種經驗，學習累積成為智慧，是「面與體」的能力展現。這就是 AI 2.0 的特徵，智慧更深化，像是具有人類般的智慧，具備創作生成能力，可以自行生成內容，像是產出文章、摘要重點、企劃活動、產生圖片與影像、製作音樂等，這是 AI 1.0 無法做到的事。

AI 1.0 的智慧化，若用較精確的形容用語，可以說是變聰明（Smart）了。而 AI 2.0 的智慧化，則是可以用變得更加有智慧（Intelligence）來形容。AI 1.0 將自動化系統變聰明，而 AI 2.0 將系統再賦予智慧，更像人類般能靈活地處理問題。

AI 2.0 的應用，將更全面地協助人類完成工作。在製造業應用方面，協助生成新產品設計、收集生產數據，產生分析報告；透過生產能源數據，產生節能策略與節能方案。在服務與

零售產業應用方面，成為員工的最佳助手，使其更迅速解答各種問題，或將銷售數據生成銷售報告與銷售提升策略，進而分析客戶消費行為以生成行銷策略與計劃。在醫療產業應用方面，協助將醫生的日報匯集生成月報告，藉由健康數據或醫療紀錄，生成健康管理建議，而醫療諮詢機器人則擁有更詳盡的醫療專業知識，透過對話方式提供照護建議，廣泛地協助人類更有效率地完成工作。

3-2　AI 帶來的產業變革

　　美國顧問公司 CB Insights 自 2017 年起，每年根據不同發展指標，從數千多家全球新創企業中，挑選出具最具發展性及市場性的 100 間 AI 新創企業。從運用 AI 新科技的新創公司發展，可以觀察到這波 AI 科技應用的投資者概況、技術創新、團隊實力、專利活動、企業估值和商業模式等，來了解他們對產業的應用領域及影響。

　　參與 CB Insights AI 100 評選的新創企業數，自 2017 年以來有 1,650 家，之後以每年增加千家或數千家業者的速度持續增長，到 2023 年 6 月已達到 9,000 多家。短短六年間成長近 9 倍的廠商家數，顯示 AI 世代已快速到來，成為炙手可熱

的發展領域。

產業 AI 化（2017～2019）

從 2017 年至 2019 年的報告中可以看出各種領域的 AI 智慧，已廣泛被產業採用，應用領域包括：對話 AI 與智能機器人（Conversational AI/Bots）、資安（CyberSecu）、自動化技術、商業智慧與分析、廣告行銷、銷售管理、顧客關係管理、健康照護、金融科技與保險、商業自動化、物聯網應用、教育、人資科技、農業、人身安全、法律科技、風險與法律守規、旅遊、電競、政府、電信、半導體、房地產、零售、軟體開發等。

如此可以看出短短三年間，產業已接受以 AI 科技來解決企業問題或發展新形態應用。如 2017、2018 連續入選兩屆的沛星（Appier）公司，以人工智慧為核心的多螢行銷軟體，透過數據分析可以預測廣告從電腦、平板或手機推播，哪種螢幕最為有效，以大幅提升廣告效益，其提供全方位雲端零售服務（SaaS）的模式，成為台灣第一隻數位獨角獸（Unicorn）公司。

又如 2018 年入選的美國公司 Flatiron Health，從事癌症研究和改善患者的護理問題及診療流程，協助藥廠及醫學中心

發展與管理藥物，目前也已是市值 20 億美元的獨角獸公司。

2019 年也開始出現資料訓練（Training Data）、資料管理（Data Management）這兩領域的新創公司，這也代表 AI 科技大幅被應用，資料產業也逐漸形成。在半導體業中 AI 晶片也成為發展新領域，如 Graphcore 發展 AI 晶片，專門為 AI 而設計的晶片稱為 IPU（Intelligence Processing Unit），也成為英國的獨角獸公司。

國際顧問公司 Gartner 也在 2019 年十大科技趨勢中提出 AI 科技發與應用的趨勢，其中 AI 驅動開發（AI-Driver Development）以 AI 科技來強化應用開發工具，創造更多蘊含 AI 科技的智慧應用；增強分析（Augmented Analytics）在應用場景中 AI 能協助增強分析能力與工具化，讓更多非專家也能進行數據分析；智慧空間（Smart Space）以科技創造一個讓人更容易生活與應用科技的環境，讓人們生活更好。這些趨勢表明 AI 科技正從廣泛領域的智慧應用，擴大到我們生活的每個角落。

這階段創新的 AI 智慧應用不斷出現，資料領域也開始形成，並且開始融入到全球產業，廣泛地與各種不同領域的產業結合，產業界出現更多的 AI 智慧應用，來幫助產業解決各種問題，我們稱這個趨勢為「產業 AI 化」。

AI 產業化（2020～2021）

觀察 2020、2021 年的 AI 100 企業名單，從 AI 運算時需要的 AI 處理器（Artificial Intelligence Chip）、AI 模型的開發（AI Model Development）、自然語言處理及電腦視覺（NLP, NLG, & Computer Vision）、語音辨識（Speech Recognition）、深度學習加速器（Deep Learning Accelerators）、特徵與 AI 營運平台（Features stores and MLOPS Platforms）、IT 營運自動化（IT & DevOps Automation），以及到最末端的開發營運監控（DevOps & Modeling Monitoring），整條 AI 應用的產業鏈都有相關企業入選，可以看出產業與 AI 間緊密的雙向互動。科技專家著重於 AI 技術研發，產業企業透過應用這些 AI 技術，解決企業問題，兩者的互動讓 AI 產業化的趨勢更加明顯，這也代表著產業已從「產業 AI 化」發展到「AI 產業化」。

Gartner 在 2020、2021 年十大科技趨勢指出，透過增進人類賦能（Human Augmentation），讓人們更易使用智慧應用來提升解決問題能力，企業需要具備隨時隨地接受顧客決定的通路進行互動，這就是隨處營運（Anywhere Operation）的能力。在管理角度上提出 AI 工程概念，在資料、模型、應用的營運管理能在企業內更有效地被運用、管理與發展，而在

AI 安全（AI Security）議題，將是未來 AI 技術發展與應用過程需要注意的，尤其是要能透明化與可追溯性（Transparency and Traceability），這些科技趨勢提出產業發展與智慧應用指引，讓產業在應用 AI 科技有更多角度來思索更好的發展。

　　AI 技術不但促使許多產業 AI 化，也能實際被各項產業應用，產業需求變大。為加速服務產業，AI 公司也漸漸形成專門提供 AI 技術服務，然後由有能力整合產業需求的公司，來提供完整產業智慧應用，而逐漸形成具有上下游的 AI 產業鏈，此稱之為「AI 產業化」。

AI 跨產業化（2022 ～ 2023）

　　2022、2023 年 CB insights 更進一步將 AI 100 入選的企業分成三大類，分別是跨行業應用（Cross-Industry Applications）、行業特定應用（Industry-Specific Applications）及 AI 開發工具（AI Development Tools）。這表示有愈來愈多智慧應用具備支援跨產業能力，如銷售與客服（Sales & contact centers）、回饋分析（Customer Feedback Analysis）、工程設計（Engineering Design）、AI 助理與人機介面（AI Assistants & HMIs）、味覺科技（Smell Tech）等。從這樣的變化可以發現，**智慧應用也將具有在各個行業提供服務的能力，加速產業的智慧應用發**

展，造就 AI 跨行業應用的趨勢。

　　Gartner 在 2022 年科技趨勢也強調運用科技或 AI 科技來讓工程技術更具信任與穩健（Engineering Trust），以塑造組織具備變革的能力（Sculpting Change），而能夠讓企業加速成長（Accelerating Growth），這正指出企業要運用科技來成長。其中生成式 AI（Generative AI）更是讓 AI 科技進入一個新世代。

　　2023 年十大科技趨勢也提出應用可觀察性（Applied Observability），讓企業所建構支持的系統都能留下完整資訊而可以被觀察與了解。AI 信任風險安全管理（AI TRiSM，AI Trust Risk Security Management），是關注 AI 應用而產生的負面問題，這是 AI 治理議題。永續技術（Sustainable Technology）則是支持環境永續發展，確保 AI 科技發展能為人類帶來福祉，成為福祉科技。

　　Gartner 在 2024 年提出十大科技趨勢正建構企業經營的科技架構，包含三大部分。

　　一是保護您的投資（Protect Your Investment），主要是運用 AI 信任風險安全管理、永續技術、民主化生成式 AI（Democratized Generative AI）來實現。

　　二是提升建構能力（Rise of the Builders），強調以 AI 增

強開發（AI-Augmented Development）及運用行業雲平台（Industry Cloud Platform）來快速建構服務。

三是遞送服務價值（Deliver the Value），這裡提出機器顧客（Machine Customer）的概念，意即機器將是您的客戶世代來臨。增強互聯員工（Augmented Connected Workforce）是指透過科技來賦能員工，讓員工可以隨時連結到獲取職務知識的服務，以傳遞組織知識與經驗來快速提升員工能力，這也是員工助理的應用，讓員工的服務能為客戶提供最大價值。

從歷年的 AI 科技產業應用及科技趨勢發展，這兩大構面可以勾勒出企業運用科技來發展商業目標的整體輪廓，也能從這些發展看出 AI 1.0 及 AI 2.0 的應用思維及其差異。

從生成式 AI 看應用趨勢

2023 年，生成式 AI 快速崛起，AIGC（AI Generated Content）人工智慧應用所產製的內容也成為企業的發展助力，且與以往 AI 不同的是，生成式 AI 能自行創造出全新且未曾有過的內容。

生成式 AI 帶來兩大助力，其一是「賦能」，也就是能快速增強生產力，就好比一位不擅長寫作的求職者，只要將想要表達的主旨和目的告訴 ChatGPT 的生成式 AI 工具，就能完成

一篇完美的履歷。生成式 AI 已可以協助生成行銷文稿、推廣文宣、顧客回函等，大幅提升工作效率，減輕工作負擔。

其二是「創新商模」，在生成式 AI 的幫助下，催生出前所未有的全新商業模式。例如，有餐廳業者希望在官網上建立智能機器人，用以回答客戶對於營業時間等相關問題、協助訂位或預定餐點，除了有效減少服務客戶的人力，也能因提早獲知顧客欲訂餐點，事先準備適當食材。而若預估當日食材可能有剩，就可以透過智能機器人發送優惠訊息給其他潛在顧客，提高他們前來消費的意願，降低餐廳食材的浪費。

從上述情境可以發現，透過智能機器人與顧客互動，可以進行行銷、推廣、服務客戶，提升消費意願，在必要時才由人力介入處理。此種新樣態的企業經營方式，將整合更多科技應用，讓企業發展得以迅速成長。

AIGC 需求已在行銷、醫療、人機交互等領域不斷湧現，透過 AIGC 取代傳統數位內容創作模式，達到降本增效、提升競爭優勢。而 AIGC 應用帶來的市場商機也相當可觀，根據 TrendForce 預估，未來五年全球 AIGC 市場規模，將從 2023 年的 136 億美元，提升至 2028 年的 424 億美元，AIGC 也將被大量應用在商業行銷、廣告內容、新聞報導、聊天機器人、電子商務、行動支付與更多移動式互聯網服務領域。隨著

AIGC 技術日益精進，能支配虛擬人、數位孿生或元宇宙領域，促使 AIGC 為 AI 核心基礎添增一大助力，提升製造、交通、醫療與娛樂等產業豐富化，同時與垂直領域應用相結合，有助創造更多新需求與新商業模式。

我們回顧從 2018 年的 AI 智慧應用發展，2019 年的產業 AI 化、2020 年開始 AI 產業化、2021 年 AI 產業形成、2022 年 AI 跨產業應用、2023 年生成式 AI 崛起、2024 年客戶價值提升的發展。可以說，這幾年 AI 與產業間的發展相輔相成，AI 技術更成為各產業發展的關鍵，並同時帶來產業變革。

3-3　開啟 AI 2.0 世代，有哪些新趨勢與挑戰？

進入 2024 年，AI 2.0 的生成式 AI 將落實於產業應用，除了如微軟、OpenAI、Google、Meta、蘋果等國際大公司的互相競逐外，產業應用將會更貼近產業發展，產生更多實際案例。而在生成式 AI 的應用環境，隨著硬體大廠的 GPU 能力大增及 AI PC、AI 手機的市場推廣，生成式 AI 將更容易的被人們應用，逐漸進入人們的生活。以下探討 AI 2.0 的趨勢與挑戰。

AI 2.0 的三大趨勢

趨勢 1：生成式 AI 全面改寫既有應用模式

在 AI 2.0 世代,如同輝達創辦人黃仁勳形容,未來 AI 應用就像取得 App 一樣簡單且隨手可得。創新工場董事長李開復也提出,AI 2.0 將改寫既有的軟體應用模式、使用者介面及商業模式的進化。如同製作簡報的 PowerPoint、圖片後製的 Photoshop 等軟體,結合生成式 AI 將徹底顛覆我們以往熟悉的應用模式。

網路搜尋轉移至與 AI「數位助理」的聊天對話框,「對話」將成為 AI 2.0 應用的主要呈現方式,生成式 AI 成為人類工作的最佳助手(Copilot)。人類的工作模式,將從過往生產者的角色轉變為審核者,大幅提升工作效率。企業也將陸續導入對話式知識管理系統,以及優化對話式機器人,作為提升客戶服務的利器。這些都更有助於人類建置新平台,創造新商業模式。

趨勢 2：AI「數位助理」滿足個人化需求

2023 年 5 月,微軟創辦人比爾・蓋茲在一場由美國投行高盛和風險投資機構 SV Angel 聯合舉行的 AI 活動上強調,

「AI 數位助理」將成為各大科技新創與巨擘們爭相發展的首要目標，而「AI 數位助理」將能夠理解個人的需求和習慣，並幫助人類「閱讀沒有時間閱讀的東西」，成為每個人的代理人。

想像一下，未來無論職業、身分、階級，每個人的生活中都有一位懂你的「AI 數位助理」，精確掌握你的需求與習慣，提醒你該幾點出門開會才不會遲到；提醒你毛小孩的飼料沒了，該買哪一款最划算；提醒你家庭旅遊即將到來，有哪些旅行社推出的行程，適合全家親子出遊，身邊就像多了一位 24 小時待命的貼身秘書。

這場個人助理大戰，將從此改變用戶行為、改寫產業遊戲規則，比爾‧蓋茲更大膽預測，未來人們一旦習慣依賴「AI 數位助理」，將永遠不會再去搜索網站。這與 Gartner 在 2024 年十大科技趨勢提及的「機器客戶」互相呼應，未來您的 AI 數位助理，相信在不久的將來就可能實現在我們生活之中。

趨勢 3：AI 成為推動 ESG 最佳助手

聯合國全球契約（UN Global Compact）於 2004 年首次提出 ESG 的概念，ESG 分別是環境保護（Environment）、社會責任（Social），和公司治理（Governance）。現今 ESG 成

為評估一間企業經營的重要指標,讓企業、機關、單位在經濟發展的同時,將環境保護、地球永續議題,視為企業成就的重要目標。

依據聯合國氣候變遷綱要公約(UNFCCC)估計,以數位科技助攻企業淨零碳排,將有助於減少全球 20% 的碳排,數位減碳(Digital carbon reduction)就成為達成 ESG 的方法之一。透過數位科技和 AI 科技,優化電網監控與調配、建立智慧電網、優化冷氣空調、燈具等控制,建造智慧大樓,提升能源應用效率,成為淨零碳排的最佳助手。

另一項減碳新思維,我們稱為「零碳服務」,透過更便利的數位化方式,讓人們透過網路就能得到需要的服務,減少提供服務者與被服務者的交通往返、減少辦公空間、減少文書紙張、降低耗碳的生產消費循環,建立從減碳、少碳到零碳思維,對社會整體將會達到減碳效果。

AI 2.0 的兩大挑戰

挑戰 1:發展 AI 治理以防 AI 失控

AI 2.0 的蓬勃發展,同時也造成假資訊、假影片愈來愈猖獗,關於誤判、不公、歧視、隱私、信任、風險、資安、道

德、倫理等各層面的問題不斷湧現。在物理巨擘史蒂芬・霍金（Stephen Hawking）辭世前，就已發出警告提醒世人，AI 發展若失控將為人類帶來毀滅。

曾為 OpenAI 共同創辦人的馬斯克也直言，「AI 恐比飛機設計不良或汽車生產不善更加危險，因為它具有破壞文明的潛力」，被譽為 AI 教父的辛頓更在 2023 年 4 月從 Google 辭去副總裁與工程學者職務，公開表明「後悔發展出人工智慧」。辛頓在接受《紐約時報》採訪時不諱言指出，「AI 帶走了苦差事，但它可能會帶走更多的東西。」他點出三大擔憂，就是 AI 可能成為帶動假訊息的幫兇，快速顛覆就業市場，甚至成為自主武器反過來危害人類。

我認為這些社會前瞻人士之所以提出警世語，並不是要限制 AI 發展，而是提醒人們必須正視和預防 AI 發展帶來的負面影響。這與現今人們重視發展 ESG 永續的理念不謀而合。近期，可解釋 AI（Explainable AI）、負責任 AI（Responsible AI）、可信任（AI Trustworthy）等觀念相繼被提出，並逐漸受到重視，這些概念被統稱為「AI 治理」（AI Governance），期望透過 AI 治理，能讓 AI 成為真正的福祉科技。

挑戰 2：AI 迫使人類職能改變

AI 帶來自動化、智慧化、創造力，使大量工作消失，造成就業衝擊，但也同時催生出新產業、新工作，甚至改變工作方法與工作環境，此現象迫使人類必須學習更多新領域、新技術、新方法，大幅提升職務能力及跨領域能力，迫使人類職能的改變。

對於現今身處職場的你我來說，認知這些變化至關重要，但也不必因此氣餒，認為人類的價值「被消失」。事實上，我們認為人的價值反而正在提升，AI 並不會取代人類，而是「懂得如何使用 AI 的人，將取代不會用 AI 的人」。這波職能改變相當迅速，未來人類在職場上將與 AI 共同協作，為自身創造出更多新職業機會，可以說是 AI 2.0 世代下最關鍵的議題。而此議題將在第十二章完整說明。

第四章

AI 2.0 世代下的數位轉型思維

數位轉型（Digital Transformation）可說是近年來產業間最關注的焦點議題，儘管大部分的企業管理者都明白，想促使企業擁有突破性發展就必須跟上「數位轉型」的腳步，但究竟該如何實踐，讓許多經營者相當困擾。

企業的經營模式正面臨前所未有的數位化挑戰，既要快速找到自身在數位經濟體系的定位，更要融入數位經濟發展，打造出能使企業生存續命的路徑，正是產業所談的「數位轉型」，而**認清企業轉型路徑，也正是每個企業經營者必須面對的重要課題。**

我們認為，數位轉型是一種資訊科技與經營思維結合的展現，近十年來，隨著資訊科技快速發展，也建構出數位社會環

境的基礎,像是 2007 年問世的智慧型手機 iPhone,將數位社會推向更人性、便利的行動化數位社會,也形成了數位經濟的基礎平台。

美國顧問公司 Gartner 在 2019 的「The Business Value of Artificial Intelligence」中提出在 2017 年至 2025 年間,AI 能創造出最高商業價值的前三大領域,分別是:客戶體驗(Customer Experience)、成本降低(Cost Reduction)、創新收入(New Revenue),這也意味著,AI 科技將在企業數位轉型的過程中扮演重要關鍵性角色,**當 AI 科技成為數位轉型的最佳利器,企業必須懂得「啟動 AI 思維」,運用 AI 科技,以及創新思維來融合商業經營,「觸動數位轉型」。**

究竟 AI 1.0 與 AI 2.0 世代下的數位轉型思維有何不同,我們將在本章作說明與展現,協助讀者看清數位轉型的前因後果,啟發數位轉型的思維,更進一步了解,如何才能將數位化應用於自身企業,以利數位轉型。

4-1　企業勢在必行的數位轉型之路

不論是我們主動願意改變,又或者是受到外在因素的影響,不可否認的是,資訊科技正不斷改變人類的習慣。除了硬

體更快、軟體更豐富，資訊科技發展已成為企業營運及個人工作的最佳生產力提升工具，創造更多自動化，讓企業得以降低營運成本，賺取更多利潤。

數位世界迫使企業必須數位轉型

　　iPhone 問世後，行動化成為資訊科技應用主要方式；雲端技術發展成為行動化設備的支持主力；大數據技術被用來解析大量的個人與企業數據，成為了解使用者行為的利器；物聯網技術結合更多終端設備（Terminal Device），建構出數位社會基礎；**人工智慧技術，更將人類的經驗系統化，進展到將人類智慧系統化，並結合各種智慧應用快速發展。**

　　智慧服務無所不在，當你想買一本書，它可以推薦你可能有興趣閱讀的書；當你想買一台電視，它可以找出既符合你需求、價格又好的型號；你開車出門，它可以幫你預估到達時間；你想看個影片，它也能推薦你可能喜歡的類型，而這些早已成為你我生活中的日常。

　　以下這個街景你一定很熟悉，當我們走在路上，隨處可見許多人低頭滑手機，可能正在使用社群軟體、看 YouTube 影片、線上購物，或與好友同事傳訊息，反而很難注意到周遭發生的事情。**這景象正是你我行為改變所創造的新常態，而企業**

要持續推展服務,就必須隨著外部環境的改變,調整服務模式,面對這個新常態。

現代人生活在「數位世界」之下,數位科技變得唾手可得,而企業服務「人」的本質沒有改變,一旦「人」的行為改變,企業就必須改變服務方式,才能在數位世界做生意,因此如何提供「看不到客戶」的滿意服務,這就成為新挑戰。**所以企業必須面對數位轉型的主因就是消費者的行為改變了,而你我就是消費者,你我的行為改變,造就企業、政府、機關必須要數位轉型的主因。**

當企業為了滿足客戶需求而必須改變原有的產品與服務方式,身為職場社會一員的你我,也得透過學習新技能,創造更多數位服務,幫助企業持續營運,每個人都必須成為企業數位轉型的一份子,你我都要改變。

如果要用一句話定義「數位轉型」,我們認為它是一個結合數位科技與既存營運模式的過程,透過不斷運用科技來提升經營效率、提升客戶體驗,甚或運用科技創造新的商業模式,而最終目的都是希望讓企業能夠永續經營與提升競爭力。數位轉型的目的在於調整企業自身,以滿足數位世代的市場與顧客需求,其牽涉到的層面,包括組織、流程、科技、人才、文化、商業模式的改變。

圖 4-1　**企業數位轉型角色關係**

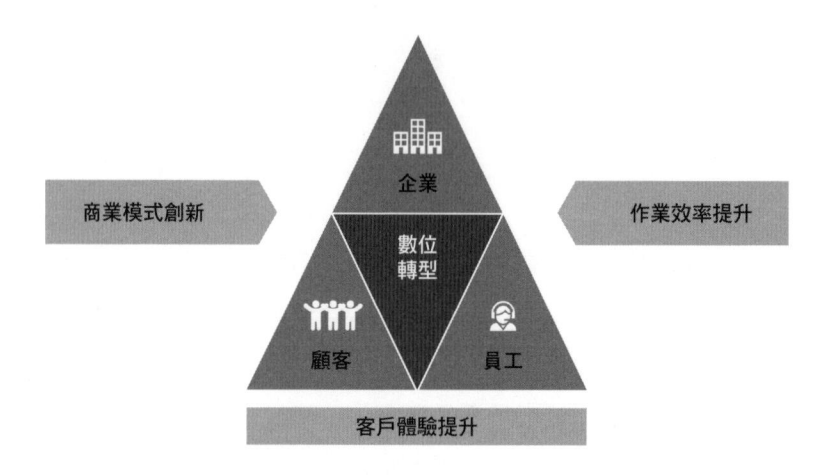

```
                    企業
      商業模式創新          作業效率提升
                   數位
                   轉型
             顧客        員工
                客戶體驗提升
```

　　先前提到數位轉型的涵意與重要性，那麼企業又該如何思考與進行數位轉型呢？如圖 4-1 從顧客、企業、員工三個角色的相互關係來分析，而這三個角色的交互關係，以及運用科技來改變彼此間的互動與服務方法，正是數位轉型的重點。以下從三個關係來思索：

1. **企業與顧客關係**：企業是否能運用數位科技，創造符合需求的創新商業模式，以提升獲利能力。
2. **企業與員工關係**：企業是否能運用資訊科技，提升員工

在執行業務時的作業效率,節省作業成本。
3. **員工與顧客關係**:員工能否運用資訊科技與數位方法,提升客戶體驗,讓顧客願意持續與企業互動及購買。

這三個角度的探討,可以看出數位轉型的本質。我們從這三個關係來探討企業數位轉型的面向,以建構一個對數位轉型更具體的認識與發展路徑。

4-2　企業數位轉型四面向

對企業而言,數位轉型是不斷運用科技來改變客戶互動方式,提升顧客體驗與工作效率。在內部提升效率方面,如公文流程無紙化、ERP系統改變流程;在客戶體驗提升方面,如利用CRM系統認識客戶,提供更適切服務、電子郵件讓溝通加速取代傳統信件、網頁讓公司資訊無遠弗屆;還有創造新商模的新數位產業,如電信公司、網路服務公司、網路購物、電子商城等,也創造第三次工業革命。

而資訊科技也漸漸形成以網路搜尋為基礎的數位經濟,透過網路搜尋,尋找到企業網站或企業希望的接觸點,進而達成產品訊息與服務提供、完成銷售,這讓Google累積掌握人們

網路搜尋的行為資料；也讓 Facebook 獲得了解人際關係搜尋的行為資料，成為獲利工具。自此，網路上的數位互動蓬勃發展，進一步帶動數位行銷科技（MarTech）的發展。

企業不斷將新科技融入自身經營流程，以具備產業競爭力並提升獲利能力，這樣的「數位轉型」理念，不是近年才有的企業行為，而是一直以來都存在著。整體來說，企業數位轉型包括顧客體驗提升、作業效率提升、商業模式創新、成為企業數位轉型及達成 ESG 的幫手等四大面向：

面向 1：顧客體驗提升

為了避免顧客流失，企業必須跟上這股數位化潮流，開始以線上的方式與顧客互動。除了最基本的服務外，還要能分辨出新舊顧客，提供不同的服務方式，對新顧客給予詳細的介紹與協助，對舊顧客則根據過去紀錄、偏好進而提供建議，提升顧客體驗。

實體經濟與數位經濟的最大差異點就是與客戶互動的方式，在實體店面，經驗豐富的店員會記得常客的喜好，建立出一種特有的互動關係，主動滿足客戶需求。

但在數位經濟下，「零接觸」趨勢興起，這些習以為常的方式已不存在。在數位經濟中，如何了解客戶也成為一項重要

議題。現今與客戶接觸的管道相較過去更為豐富多元，從電話、社群媒體、官網、手機、APP等通路，都能與客戶互動。過往企業留下的是客戶交易資料，現在企業透過各種通路接觸客戶，不但能收集客戶交易資料，甚至成交前的互動情況，也能透過紀錄一手掌握。

顧客體驗（Customer Experience）已成為現今企業不得不正視的議題，Gartner在科技趨勢報告也將顧客體驗視為重點項目，2020年提出多重體驗（Multiexperience），讓用戶在享受數位科技服務的當下，也能透過各種接觸方式與之互動，如觸控、語音、手勢或社群媒體（Social Media）。2021年更進一步提出全面體驗（Total Experience）的概念，企業必須結合多重體驗、客戶體驗（Customer Experience）、使用者體驗（User Experience）及員工體驗（Employee Experience）等，提供全方位的體驗提升。

我們可以運用資訊科技來改善顧客體驗，分析互動資訊，了解顧客的喜好與消費習慣，或更進一步辨識客戶，主動滿足顧客需求，而我們也可以追蹤商業數據，透過優化數據，提供顧客更完美的體驗。

提供懂你的智慧化服務

過往我們以個人化服務來提升客戶滿意度，而現今更重要的是融入智慧化服務來提升顧客體驗。隨著數位行銷快速崛起，消費者體驗不一定能得到滿足，甚至對讓人不感興趣、雜亂無章的廣告感到困擾，因此藉由客戶關係管理來認識客戶特徵，並且依其特徵，以新技術如 AI 智能機器人、對話商務、精準行銷提供之新型態服務，才能真正提升顧客體驗。

就如一位購買汽車後的顧客，若汽車銷售公司能提前了解這位客戶的紀錄交易資訊，就可以在定期保養時或零件需要更換時，運用顧客習慣的通路主動通知。甚至當顧客想要換新車時，可以主動掌握並給予新車訊息，這些都是因為系統能夠認識顧客，這就是**「懂你的服務就是智慧化服務，不懂你的服務是自動化服務」**。

當企業開始進行數位化經營，就有機會吸引到與過去截然不同的客戶。相比傳統模式，數位化後的資訊傳播可說是快速且廣泛，運用資訊科技讓操作變得更加簡單明瞭，也更能提升客戶體驗，讓客戶更願意黏著你，創造更多成交機會，購買更多服務與產品。

面向 2：作業效率提升

提升效率一直是企業追求的目標，它不僅影響企業的生產效能，也決定企業成本的支出，而 AI 科技發展融合過往資訊科技的自動化，讓企業效率大大提升，這也正是為何愈來愈多資訊科技技術，被大量應用在企業的原因。

近年最受矚目的當屬機器人的應用，運用機器人有許多好處，其一，可以 24 小時運作，大幅提升作業效率；其二，長期運用成本較低，節省人力成本，也有效減少作業成本。

目前企業常用的有兩種類型的機器人，一種是能作為「流程自動化利器」的**流程自動化機器人（Robotic Process Automation，RPA）**，另一種則是具備提升作業效率與提升客戶體驗兼具的**服務機器人**，以下分別介紹。

流程自動化機器人

流程自動化機器人是一個跨系統整合的好工具，過往不同資訊系統要整合，就得讓人在不同系統中操作與傳遞訊息，來獲得整合效果。如在 CRM 系統中發現客戶喜好商品的需求量，而要讓生產系統能夠規劃生產量，但 CRM 與生產系統可能是不同時間、不同廠商、不同系統架構，要整合這兩大系統困難度很高，若無法自動化，就需要人力在不同系統間傳遞資

訊與控制。

RPA 機器人就是為解決這類擾人且困難的問題而生，只要將人在不同系統的操作過程紀錄提供給 RPA，就能像人在不同系統間操作，而取代人工操作的機器人服務。這在產業界已被廣泛使用，有效解決很多跨系統整合問題。

智能機器人

智能機器人是運用自然語言技術（Natural Language Technology），讓人可以用自然語言，像跟人類交談一樣的方式和智能機器人進行對話，以取得需要的資訊。自然語言技術透過語意理解進行自然對話，也可以進行情緒分析。這可以針對使用者的需求及情緒反應，做出適當的資訊提供、調整對話方式，或轉接給服務專員（真人）服務，在提升客戶體驗及流程效率都有相當大的貢獻。

對企業而言，智能機器人還能發揮最重要的一點，是建立數位行銷、客戶服務中心、服務機器人、社群互動的平台，針對用戶需求進行服務及紀錄顧客行為，進而提升客戶體驗。尤其 AI 2.0 來臨，生成式 AI 融合智能機器人，讓客戶體驗更好；運用生成式 AI 的員工助理，可以寫文章、做企劃、寫程式、畫圖、做會議記錄等，大幅提升作業效率。這些新科技的應

用,正是當前企業的重要課題,也將是未來每家企業必須具備的能力。

有關機器人與人工智慧的媒體報導從未停歇過,這股人工智慧旋風,正朝著全球產業襲來。**透過「顧客體驗提升」及「作業效率提升」這兩項來提升企業獲利能力,我們稱之為「數位優化」,此種大幅減少作業成本,提升效率,在沒有改變商業模式之下,就能賺取新的利潤。**

面向3:商業模式創新

在工業革命的歷史裡,第一次改變世界的顛覆性技術是蒸汽動力,第二次是擴大工業化成果的裝配線,第三次則是運用電腦科技,創造各種自動化系統的資訊化。以上三次工業變革,可以說關鍵就在人類敢於改變思維,創造新科技應用。現在,我們正處於第四次工業革命的進程,也就是高度的數位化與資訊化。

雲端運算、大數據、物聯網(IoT)、人工智慧、智能機器人等科技造就資訊發展,**企業能否運用這些科技轉變,創造新產業與帶動新一波的產業趨勢,取決於我們的思維模式,是否可透過新思維來驅動這些新科技的運用,重塑我們的工作和商業模式,並讓企業、客戶及世界都煥然一新,這就是每個企**

業在邁向未來的必答命題，也是必須創造的新商業模式。

　　創造新商業模式是數位轉型的核心精神。透過創造新商模來提供新服務與擴展新客群，創造新的獲利模式。企業需要數位轉型的主因是消費者行為改變，但你是否想過，為何人們的行為會改變？單純只是數位化造成的嗎？這是因為「數位轉型先行者」運用科技來改變商業模式，創造新服務模式，獲取新的獲利。而這新的服務模式又能被廣大使用者接受、使用、依賴，最後形成使用者習慣，成為日常生活中的一環，造就人的行為改變，迫使其他的企業也必須做出改變。

　　像是微軟的轉型，該公司放棄作業系統的收費，以維持廣大的使用者，然後將作為主要獲利來源的 Office 軟體改為線上服務銷售模式，收取訂閱費用，讓使用者容易獲取需要的服務，對微軟而言也能創造更多獲利。

　　亞馬遜提供的雲端服務也是一個明顯案例，過往企業需要購買電腦設備來執行軟體，即使只是短期使用也必須購買，而且為了維持設備的正常運行，還必須投入人力維護，因此亞馬遜於 2006 年就提供虛擬機（Virtual Machine）服務，使用者可以依照自己需求的設備規格，開啟需要數量的虛擬機器，透過設備運行時間與使用軟體服務來計費，這都是數位轉型先行者帶來的改變。

思考創新商業模式可以從使用者角度及企業角度兩大面向思考，創新商業模式的結果應該是對使用者及企業雙方都獲益，成為互相需要的生態，且能夠長期經營。

　　對企業而言，必須能夠創造出滿足使用者需要的「服務」，賣的是人們的需求；對使用者而言，不僅要能滿足其需求，也要能享有獲益。共享機車就是一個經典案例，有了共享機車這項服務，不需要花一大筆錢購買機車，只需要在有交通需求時，花費少量的金額購買這項服務即可。這些共享機車服務正是看準環境與人們的需求，所創造出的新商業模式。

　　當企業創造新商業模式，不只是為其本身的發展，也為產業發展奠定轉型的基礎。例如看護線上預約平台「家天使」，建立中介平台，以老人照護為市場主力，媒合能提供老人照護專長的人員及有老人照護需求的使用者，讓需要的人能即時獲得最完整的照護服務，這也為高齡照護產業提供新服務商模。

　　創新商模不斷被創造出來，產業也因更多創新服務的出現而加速轉型，作為企業管理者，可以參考這些商模轉變的方法，嘗試找出發展自身產業的創新商模。

面向 4：成為其他企業數位轉型及推動 ESG 的幫手

　　從企業本身服務推展角度來做策略思考，可以發現近年來

數位轉型及 ESG 是企業發展很重要議題，甚至已成為企業的經營要素。若企業提供的服務與產品，能夠協助其他企業更快速達成數位轉型或 ESG 目標，如此也能加速企業自身的發展，找到數位轉型策略的思考路徑。

我在 2021 年提出「零碳服務」觀念，**來達成整體社會減碳的效果**。例如台灣金管會已開放銀行業者提供遠端開戶與視訊對保服務，利用視訊系統與用戶進行開戶或對保，用戶就不必再通勤親自辦理，達成社會減碳效果。

一個提供雲端服務的企業，可以思考如何運用雲端服務來降低其他企業的實體交通需求，如此就能協助企業達成 ESG 的減碳目標。而**科技應用也能用於協助企業進行數位優化或數位轉型，這個策略思考角度，能夠協助加速企業本身的數位轉型及協助其他企業數位轉型**。

數位轉型的推動策略

嘗試數位轉型可以用風險角度來規劃，而非使用投資報酬率來衡量。創新商業模式是一種新的嘗試，若執著於計算投入與獲得的比率，很有可能停滯不前，導致數位轉型失敗。因此，可以藉由風險角度來規劃數位轉型，控制一個可承受的風險來嘗試，在既定的預算內，若可以達到預期效果，即可繼續

嘗試;若是失敗,這些投入的成本也不代表付諸東流,而是奠定成功的養分,數位轉型絕非一蹴可幾,而是由各種實務經驗堆疊而成。

數位轉型可以從數位優化開始,再往創新商業模式前進,並不是談到數位轉型就必須立即全面改變商業模式。數位轉型是一段又一段連續改變的過程,需要持續數年,先是運用數位科技優化現有作業流程,提升效率,在商模沒有改變下賺取新獲利,接著在此基礎與經驗上發展出新的商業模式,才是最穩定的做法。

4-3　AI 1.0 與 AI 2.0 的數位轉型

數位轉型是不斷地透過新科技的運用來提升客戶體驗、提升效率,進而運用新科技來創造新商模。以下分別說明 AI 1.0 與 AI 2.0 的數位轉型思維。

AI 1.0 數位轉型思維:如何讓應用變聰明

AI 1.0 的數位轉型就是運用 AI 1.0 技術來達成數位轉型的目的。2017 年 AI 技術陸續應用於各行各業,相繼投入電腦視覺發展、自然語言處理、數據分析等三大技術領域,將 AI

普及化並融入產業應用，讓 AI 1.0 世代的數位轉型序幕正式揭開。**「將人的經驗系統化，並融入生產流程」是 AI 1.0 世代下的技術核心，而這正是啟動數位轉型最佳的技術。**

我們最常看到的案例，就是製造業的瑕疵檢測、預修保養及工廠進行機台連網，並透過 AI 分析產線狀況，幫助企業減少瑕疵品的產生，提早維修機台以提升生產機器的稼動率。無論是製造業進行產品設計生產、餐飲業提供服務銷售、科技業執行軟體開發設計，都可以透過 AI 科技推動數位優化與進行數位轉型。

在疫情的催化下，隨著遠距辦公、線上教學、數位金融、室內娛樂等需求快速提升，更帶動 AI 1.0 世代的數位轉型來到巔峰，AI 智慧應用變得更加廣泛。

在 AI 1.0 世代下，更強調用 AI 科技來提供個性化及以人為中心的服務觀念。未來企業必須讓顧客能夠在他習慣的通路上，隨時隨地可以享受好體驗的互動，能夠像人一般的智能機器人提供 24 小時自助服務，而所有互動紀錄都能成為企業決策的依據，構成一個具備全面體驗、隨處營運、數據決策的未來企業長相。這些背後其實運用很多 AI 科技，得以讓企業提供更佳的服務體驗與創造新的商業模式。

了解這些已經在我們生活周遭的改變，企業必須思考，是

否能提早體驗察覺 AI 科技應用與影響,而應用於企業嗎?能成為產業導入的先驅嗎?能成為數位轉型先行者的先知先覺者嗎?這是數位轉型的精神,也是非常重要且應省思的議題,或許新技術再次來臨時,您能成為數位轉型的先行者。

AI 2.0 數位轉型思維:如何讓應用更有智慧

進入 AI 2.0 世代,讓人們感受到 AI 系統具備如同人類智慧的世代來臨。許多人會問,究竟 AI 1.0 世代下的數位轉型,和 AI 2.0 世代最大的不同點是什麼?

簡單來說,AI 1.0 世代下的數位轉型,只能讓應用變「聰明」,而 AI 2.0 具備生成能力,讓應用更具「智慧」。明顯的例子就是智能機器人,AI 1.0 世代下的聊天機器人只能就設定好的特定議題作回答,而 AI 2.0 運用大型語言模型為基礎的應用,不僅回答的語句和語氣都能更接近真人對話,甚至還能做到舉一反三,生成回覆與創造出新點子。

許多人在看到 ChatGPT 時,才驚覺生成式 AI 的橫空出世。但這不是橫空出世,而是早有很多企業將生成式 AI 技術發展出各種應用。這就是數位轉型的核心觀念,當新科技出現,您能夠快速運用新科技來讓顧客更滿意、作業效率更提升,企業獲得新利益嗎?能做到的就是**「先知先覺者」**,看到

別人成功才做已是「**後知後覺者**」，若看到還覺得對自己影響很小，那就是「**不知不覺者**」。

2023年為AI 2.0數位轉型的起點。然而我們可以發現，自OpenAI在2015年成立、Google Brain於2017年發表Transformer，早已揭開AI 2.0數位轉型的序幕。

在2022年底ChatGPT問世前，已出現不少生成式AI應用的突破案例。例如，在2021年1月推出以生成行銷文案為主的美國新創公司Jasper，推出不到2年，便成為估值15億美元的獨角獸；2022年7月，AI生成圖片工具Midjourney首次發布服務，也讓AI的創作能力徹底超越人類既有的想像。

在AI 2.0世代下，AI成為人類專屬的顧問，其能力從辨識為主延伸至生成，開始具備多任務的通用能力，而人們透過與AI對話交談獲得更多知識與智慧。同時，AI具備創作能力，可幫助人類執行多項基礎工作，人在工作流程中的角色，從工作者漸漸轉變為審核者。AI工具的多元化，使智力像電力般隨手可得，加速數位轉型。

AI 2.0的數位先行者，成果令人驚豔

我們從顧客體驗提升方面來看，生成式AI將使更多沉浸式科技快速發展，如XR、元宇宙、虛擬商店、虛擬展場、元

宇宙博物館等新體驗的互動；還有新一代智能機器人的對話體驗持續提升，對話界面成為人機主要介面，AI 科技將更容易運用。這樣的科技進展，從體驗進入了人們的工作環境，人人都有個數位得力助手，隨時協助我們，不論在創作、寫程式、畫圖、製作影片等，都能有 AI 的幫助，效率再次提升。

　　國內一些產業的數位轉型先行者也投入快速發展，如國內專門從事客戶服務、對話商務、知識管理的系統廠商 Ai3 公司，在 2023 年 8 月提出一個「GPT inside」概念，將生成式 AI 的技術融入企業作業流程中，快速將生成式 AI 融入整個產品，發表體驗更好的「可信任智能機器人」、透過對話就可以快速獲取知識的「對話式知識管理」、能自動分析總結服務對話的「對話分析助理」、能每一通服務都可檢查服務品質的「質檢助理員」、能自動用知識生成考題並產生試題以幫助員工進行考試與評分的「培訓助理員」、能隨時隨地服務員工的「員工助理」。諸如以上的新型態服務，都是能快速運用 AI 新科技發展來的新服務，所進行的 AI 2.0 數位轉型。

　　2023 年 6 月全世界第一部 AI 生成的電影《冰霜》(*The Frost*) 問世，雖然人物表情與背景融合尚不流暢，但這是一個新世代來臨的標誌。我當時預言不用兩年，一定可以看到用 AI 生成出一部我們看不出來是 AI 生成的電影，沒想到很快地

就在 2024 年 2 月 15 日，OpenAI 發表以文生成影片（Text to Video）的 Sora 服務，讓人非常驚豔，幾乎看不出來是生成的影像，不論真實世界或卡通影像，幾乎都是電影的品質。

以上案例顯示，AI 科技正以超乎我們想像的速度在發展，科技應用如何融入企業的內部作業或外部顧客經營，用來提升效率、提升顧客體驗、創造新商模，讓您的企業再次進行數位轉型，這是所有企業都要思考的議題。

AI 2.0 數位轉型，運用資訊科技的自動化、AI 的分析預測能力及 AI 的文章、圖形、影片的生成能力，將這些科技賦能融合應用，達成提升作業效率、客戶體驗及創新商業模式，讓企業在未來更具競爭力。運用 AI 來協助我們工作，將 AI 生成的結果，藉由人的專業確保這是期望的正確結果，形成**「AI 成為生產者，人成為審核者」，讓 AI 為我們賦能，提升工作效率，成為工作與生活的最佳助手。**

從總體觀察，「生成式 AI」與「人機協作」成為 AI 2.0 世代下，數位轉型發展的重要主軸，也促成企業應用新科技以加速數位轉型的驅動力。科技進步神速，或許 AI 3.0 可能很快就會出現，面對不斷出現的新科技、新服務、新商模及顧客新行為，您或您的企業能夠一直保有數位轉型先行者的優勢嗎？這是一個值得大家思索的嚴肅議題。

Part 2

數據思維為主
──激活數據改用創造新商模

第五章

造就 AI 的三大關鍵要素

　　近年來人工智慧之所以有如此繁榮的發展盛況，除了是由許多學者不屈不饒，持續近 70 年的研究與突破結果，更是因為半導體、電子科技的進步，大幅提升電腦的運算能力，而大數據可以說是造就演算法最重要的元素之一。

　　在這波 AI 的發展，**數據集的建立、演算法的改進、運算力的提升**，正是成就今日 AI 世代的關鍵三大因素。歷史的機運及這三大要素的突破與結合碰撞下，使人工智慧的發展有了今日爆發性的成長。在本章中，我們將介紹造就這三大因素的關鍵推手及其故事。

5-1 關鍵要素 1：大數據

數據是發展 AI 的基礎與核心，研究人員經常為尋求不到大量的數據而造成研究困難，沒有足夠大的數據不容易看出研究成果的差異。即便取得大數據也需要經過清洗、整理、標註等整理工作，才能為研究所用，這又需要投入大量人力與費用，以上這些因素都會造成研究困難，成為研究上的限制。

如何獲得數據是 AI 研究首要面臨問題，若能有更多數據集被公開授權使用，對 AI 研究無疑是一大助力，無論 AI 1.0 及 2.0 世代都是非常重要的因素。以下介紹 AI 發展中的數據收集典範是如何影響著 AI 發展。

李飛飛創辦 ImageNet 競賽

第三次 AI 技術的突破能被世人所見，最主要的因素就是 ImageNet 競賽。ImageNet 是由 AI 專家李飛飛博士帶領團隊花費大量時間與精力，將大量照片進行標籤，公開出來所得到的結果。

ImageNet 競賽自 2010 年起開始舉辦，其競賽項目主要有四大項目，涵蓋電腦視覺的主要技術，包含圖像分類與定位（Image Classification and Object Localization），即找出圖像

圖 5-1 歷屆 ImageNet 圖像分類競賽冠軍的錯誤率

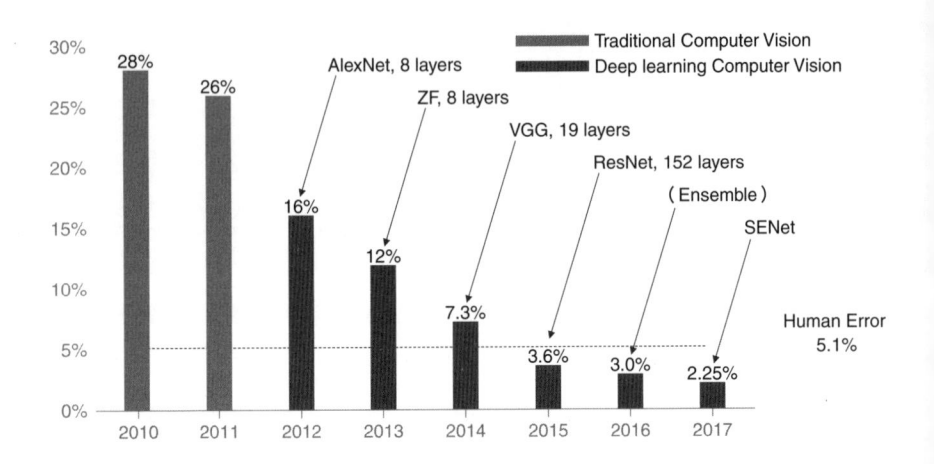

年份	錯誤率	模型
2010	28%	Traditional Computer Vision
2011	26%	Traditional Computer Vision
2012	16%	AlexNet, 8 layers
2013	12%	ZF, 8 layers
2014	7.3%	VGG, 19 layers
2015	3.6%	ResNet, 152 layers
2016	3.0%	(Ensemble)
2017	2.25%	SENet

Human Error 5.1%

中的物體並定位物體的位子；目標檢測（Object Detection），即找出圖像中的所有物體；影像目標檢測（Object Detection From Video），即從影片中找出所有物體；場景分類（Scene Classification），亦即辨識圖片中的場景如公園、森林、會議室等。其中圖像分類與定位的競賽最為受到矚目。

首兩屆圖像分類與定位項目，都是由透過機器學習方法的團隊取得冠軍，其 2010 年錯誤率為 28.2%，2012 年辛頓與他的學生透過深度學習，錯誤率大幅降低達到 16.4%，引發 AI 研究熱潮。當眾多學者發現深度學習能大幅降低錯誤率，於是

積極投入神經網路研究。如圖 5-1 為歷屆 ImageNet 圖像分類競賽冠軍的錯誤率。

李飛飛受數據集所苦的兩大問題

李飛飛 1976 年出生於中國北京，16 歲時隨著親人一起赴美國紐澤西州（New Jersey State）的帕西帕尼－特洛伊希爾斯（Parsippany-Troy Hills），並於 2005 年時獲得加州理工學院（California Institute of Technology, Caltech）電氣工程博士學位。

2005 年她在伊利諾伊大學香檳分校（University of Illinois, Urbana-Champaign, UIUC）計算機科學系擔任助理教授，在她的第一份教學工作中，就深受機器學習中的兩個主要問題困擾，一個是**過度擬合（Overfitting），這是指機器在訓練過程中，因過度學習資料的特定細部特性，導致機器針對已訓練過的資料，雖然能有良好的辨識能力，但從未看過的資料就無法做到有效辨識**。就像學生於讀書學習的過程中直接記下練習題的答案，而沒有學習到的解題核心概念，在考試時若遇到變化題型就無法應付。

另一個問題是**泛化（Generalization），這是指機器學習模型對於不曾見過的資料進行精準辨識的能力，辨識能力愈好**

就代表泛化能力愈強,當一個模型過度擬合時,也代表該模型的泛化能力不好,就無法被廣泛運用。

由於過度擬合和泛化問題,都和數據集有密切相關,於是李飛飛開始思考,如果能餵給機器更多數據,是否就更容易獲得期待的結果。就如 AI 若僅透過 5 張貓的圖片,就只能從 5 個不同的角度及光線條件下來辨識貓的特徵,要是能擁有更多樣本,如透過 500 張貓的照片來辨識,從中找出有效資訊的機率就能大大提升。

ImageNet 競賽促使大數據應用大爆發

李飛飛開始研究如何建立大量數據集,因此從 2007 年初開始 ImageNet 計劃。由於這個計劃並非追求技術上的突破或創新,而僅是進行簡單卻耗時的資料收集與標註工作,因此並未得到政府的支持,就連任教的普林斯頓大學也沒有給予支援。

資料標註(Data Labeling)是機器學習的一個必要工作,目的是要讓機器可以學習人的經驗,如要讓機器學習看人臉,就能知道是男生或女生,那就得收集大量人臉照片,並分別標示這些相片是男生或女生,機器就可以透過相片與標註的性別,來學習男生與女生的特徵,最終達成人類預期的效果。

ImageNet 計劃雖然遇到困難，但這份資料集花了兩年半的時間最終完成了。其包含了 320 萬個已標註且分類的圖像，共有 5,247 個類別。但 2009 年作為論文主題發表時卻不被重視，在電腦視覺頂級會議的「國際電腦視覺與圖型識別會議（Conference on Computer Vision and Pattern Recognition, CVPR）」只允許以海報形式展示，不能進行口頭宣傳，團隊只得發放印有 ImageNet 品牌字樣的鋼筆，來吸引眾人的目光，所幸後來這份資料集的完整性及多樣性，受到各地電腦視覺專家的青睞。

這讓 ImageNet 進階轉型成為一場年度競賽，大家都想看看比賽中，參賽團隊究竟是用哪種演算法，能讓機器以最低的錯誤率，識別大量圖像所包含的內容，而獲得更高的辨識率。

2010 年 ImageNet 第一屆比賽，參加挑戰賽的團隊來自世界各大知名科技公司，而獲獎團隊成員也成為各大公司爭相挖角的對象。2012 年辛頓的學生突破之後，ImageNet 競賽每年都帶來重大的新突破。到 2015 年，ResNet（Deep Residual Network）以錯誤率為 3.57% 的成績打敗人類的 5.1%，神經網路辨識的錯誤率已經比人類還低。2017 年 ImageNet 競賽最後一次舉辦，其數據集仍然在進行更新，時至今日 ImageNet 已經超過 1,400 萬張影像，並且有超過 2 萬個類別。自 2010

以來，Google、微軟以及加拿大高級研究院等機構，也紛紛發布其各自的資料集。

從 ImageNet 比賽，證明了一個深刻的道理：**深度學習需要大量數據的支持。而讓大家發現這個道理的，正是李飛飛以及 ImageNet**。如今你我日常生活當中，數據收集無所不在，無論是被點過的照片、觀看過的影片等內容，隨著這些數據被收集、標註，都已成為發展機器學習或深度學習的重要基礎。

李飛飛也於 2018 年重返教職，並持續參與史丹佛大學的人工智慧研究。李飛飛教授的堅持與投入，讓大家更清楚大數據對於 AI 應用的重要性，可以說現在生成式 AI、ChatGPT 的成果，都是受益於她的啟發。

5-2 關鍵要素 2：演算法

演算法簡單來說，就是一種特定問題的通用解決方法之程序與步驟，這在資訊發展中扮演重要角色，現在大家談到機器學習、深度學習，其實都是需要適當的演算法來解決各種問題。

在 AI 研究中，學者就是在研究特定問題的解決方法，如在公路影片中找出有出現過汽車的影像，這是影像辨識問題；

對智能機器人問一個問題，機器人怎樣知道您是在問什麼，這是自然語言理解問題。各式各樣的問題需要有演算法來支持，才能用電腦來實現。

神經網路也是需要找到一個可以讓神經網路有效學習的演算法，究竟要如何來克服？這就需要有研究者鍥而不捨地投入與努力，可說是一段深度學習誕生且非常勵志的歷史。

奮鬥三十年的演算法

早在 1958 年利用神經網路進行學習的概念就已經誕生，那便是由羅森布拉特基於神經元的理論，所發明的感知機，神經元可藉由傳入的數據進行學習，每當有新數據進入，這些神經元可以對這些數據做出感知上的調整，也就是說，神經網路可以隨著得到的數據，做出學習與反應。

但當時的感知機只有兩層神經元，分別為一個輸入層、一個輸出層。若在輸入層和輸出層之間加上更多神經元，理論上能夠解決更多複雜問題，但是多層神經網路的學習時間便會大幅增加，使得模型訓練的成本與效果不成正比，導致神經網路之於應用領域沒有太大的價值。再加上當時設備的運算處理能力有限，於是許多人放棄了對於神經網路的研究，直到辛頓找到突破困境的方式，才讓神經網路的研究得以延續下去。

我們常聽到神經網路的學習（Learning）及神經網路的訓練（Training），兩者有何差異？事實上，**兩者的意思相同，是指透過大量資料運用神經網路演算法，不斷重複學習，讓神經網路建立一個能達到預先設定精確度的模型（Model）**，此模型就可以為我們所用。建立模型過程可稱為對神經網路模型的訓練，或是神經網路模型的學習。

辛頓一生從事神經網路研究，即使早期研究在學界或產業都認為這項研究沒有前景，但辛頓沒有因此放棄他的想法，1987 年，辛頓獲得加拿大多倫多大學的支持，找到屬於他研究的一片天。在 80 年代早期，辛頓便參與了**神經網路**的研究，這也就是現今「深度學習」的前身研究技術。**神經網路就是在多神經層運作的軟體，軟體內部連結的方式，就是模擬人類大腦的運作模式**。

辛頓還在卡內基梅隆大學任職時，就提出使用**反向傳播算法（Backpropagation）**來訓練感知機，這是指機器在學習的過程中，將最後輸出的結果（例如預測結果）與真正的答案進行比對；比對後的差異值利用微積分中求最小數值的微分概念，於神經網路的最後一層網路開始，向前一層進行反向傳播，要求每一層網路進行參數權重的調整。這樣的算法大幅減少了神經網路學習過程的計算量。

反向傳播算法在 1986 年發表，被視為現今所有深度學習技術的基礎，重新開啟神經網路研究的大門。但是當時並沒有大量的數據支撐神經網路的學習，電腦也還未發展出能處理巨量資料的算力，使得神經網路的學習效果有限，大家仍不看好神經網路的發展。

在接下來整整 20 年間，除了辛頓之外，只有少數人工智慧專家在研究神經網路，直到電腦的效能及資料量終於能跟上辛頓的演算法，神經網路的發展才有了轉機。

深度學習一詞首度產生

2004 年加拿大高級研究所（Canadian Institute for Advanced Research，CIFAR）提供了部分資金，讓辛頓得以建立神經計算與響應式感知（Neural Computation and Adaptive Perception）計劃。這是一個由電腦科學家、生物學家、電子工程學家、神經學家、物理學家及心理學家組成的團體。這些專家創造出更強大的神經網路演算法，能夠處理更多的數據。同時隨著高速晶片、物聯網產生的大量數據，辛頓終於在 2006 年成功訓練出三層以上的神經網路，使其理想終於能夠實現。**辛頓也特別將三層以上的神經網路重新命名為「深度學習」，揮別長久以來，外界認為神經網路始終無法成功的陰影。**

雖然在 2012 年 ImageNet 競賽中，讓學界與業界看見神經網路的強大優勢而帶動 AI 熱潮。但直到 2016 年 AlphaGo 與韓國棋手李世乭的世紀對決，以及 2017 年與中國棋手柯潔的巔峰對決，AlphaGo 打敗這兩位圍棋界的世界棋王，才真正引起產業界的重視，也讓 AI 技術從實驗室走入產業。

神經網路發展大放異彩

2013 年 3 月，辛頓與其他多倫多大學的研究人員加盟 Google，以神經網路來幫助識別手機上的語音命令，和網路上標記的圖像，並利用 Google 的大量資源，將深度學習研究進一步推進。辛頓在 AI 發展上有極大貢獻，而他的學生也相繼加入蘋果、Meta 以及 OpenAI 等企業的人工智慧實驗室。

人工智慧在近年來取得的成就，包括語音辨識（Speech Recognition）、圖像識別（Image Recognition）以及電腦遊戲，幾乎都可歸因於辛頓多年來的堅持。若這三十多年間，辛頓沒有持續鑽研神經網路的相關研究，AI 的發展可能會再慢十到二十年，甚至更久。深度學習之父這個稱呼，辛頓絕對當之無愧。

在神經網路的發展與應用，除了辛頓的貢獻外，我們還要認識一位曾經在辛頓指導下完成博士後研究的楊立昆（Yann

LeCun），對神經網路發展及電腦視覺領域有極大貢獻。他是一位法國學者，在巴黎第六大學攻讀計算機科學博士學位期間，提出神經網路反向傳播算法的學習原型，對神經網路發展也很有貢獻。1987年取得博士學位後，到多倫多大學追隨辛頓持續研究。1988年他加入美國貝爾實驗室，發展很多機器學習的新方法，如他採用卷積神經網路（CNN）來處理電腦視覺問題，被稱為卷積神經網路之父，在電腦視覺領域做出貢獻，現在是 Meta 的首席人工智慧科學家。

還有一位在神經網路發展與應用上也有極大貢獻者，就是加拿大學者約書亞・本吉奧（Yoshua Bengio），他在2000年提出將自然語言的文字轉化為數字表示的向量化方法，一般稱為詞崁入（Word Embedding）技術，可讓神經網路以很有效率地進行自然語言處理（NLP），讓機器翻譯及自然語言處理的技術獲得重大突破。另外他還與美國機器學習專家伊恩・古德費洛（Ian Goodfellow）一起發明「生成對抗性網絡」（GAN），並已廣泛被應用於影像生成領域。

辛頓、楊立昆、本吉奧這三位在人工智慧發展上，對於神經網路的基礎演算法及應用方法都有極大貢獻，他們三位在2018年一起獲得資訊領域最高榮耀獎項的圖靈獎，以表彰他們對世界的貢獻。

5-3　關鍵要素 3：運算力

當有了處理過的大數據、有了解決問題的演算法，最終還是要靠有一個擁有符合需要的運算平台，來提供神經網路學習所需要的運算力。現在生成式 AI 的模型訓練更是需要大量的運算力，永遠穿著皮衣，人稱 AI 教父的黃仁勳就是現在全球提供運算力最關鍵的人物。

黃仁勳創立輝達

讓 AI 得以成功的最後一塊拼圖，正是能讓深度學習得以快速發展，並讓多個運算能同步進行的圖形處理器（Graphic Processing Unit，GPU），以及能快速調度運算簡化開發的 CUDA（Compute Unified Device Architecture）平台。而輝達創辦人黃仁勳，可說是最重要的關鍵推手。

黃仁勳，1963 年出生於台南，1984 年畢業於俄勒岡大學電機工程學系，在史丹佛大學獲得碩士學位。黃仁勳在 1993 年時創立輝達，在與 Intel、AMD 等大企業的高度競爭下，艱難地發展。

儘管輝達在 1999 年推出革命性的圖形晶片 GeForce256，並發明了 GPU 這個詞但主要用於遊戲顯卡的 GPU，僅是電腦

產業中附屬的小市場,並沒有太大的前景。然而工程師出身的黃仁勳非常具有企圖心,並相信 GPU 技術終有一日能成為改變產業的關鍵。所以當輝達首席科學家戴維・科克(David Kirk)提出要發展 GPU 相關平台與技術時,黃仁勳毫不猶豫地支持夥伴的想法。

2007 年在輝達面臨財政困境的同時,推出了以 CUDA 平台為基礎的通用 GPU,而之後所有 GPU 也都以此為基礎架構,吸引了各種編寫程式的工程師,大大增加了 GPU 的開放性和通用性。

以馮紐曼結構(Von Neumann architecture)為基礎的**傳統 CPU(Central Processing Unit),並不擅長於平行計算(Parallel Computing),而 GPU 從一開始在進行設計時,就考慮到能支援單指令多分流處理(Single Instruction Multiple Data,SIMD)的機能**。簡單地說,平行計算是一種讓多個電腦的運算指令,能夠同時進行計算的技術,可以大幅縮短電腦的計算時間,而 GPU 大量平行計算的能力遠遠超過 CPU。

這好比學校號召學生協助將每一間教室清掃乾淨,CPU 就像是老師一次僅能找一位同學清掃一間教室,而 GPU 卻能一次號召百位學生同時清掃百間教室。由於深度學習涉及到的計算,主要是進行大規模、高速度的運算,在這樣的條件下,

擅長平行計算、計算能力強大，且價格低廉的 GPU，就成為最好的選擇。

2012 年，ImageNet 競賽上，讓大家發現深度學習的訓練離不開 GPU，也讓輝達成為這波熱潮裡的最大贏家，股價連年扶搖直上，將對手遠遠拋於後。2020 年，黃仁勳在 AI 與高效能運算領域的重要貢獻也得到各界肯定，他隨時穿著皮衣的獨特風格成為其個人特色，也被產業讚譽為 AI 教父「皮衣黃」。

2020 年 11 月 15 日，黃仁勳獲頒台灣大學名譽博士學位。2023、2024 年黃仁勳訪台，在台灣颳起 AI 旋風，由黃仁勳帶領的輝達，在 AI 領域已扮演舉足輕重的角色，特別是在生成式 AI 的 AI 2.0 運算力尤其重要，算力成為國力的關鍵，深深影響世界各國的未來發展。

輝達除發展更高速運算的 GPU 產品外，CUDA 平台也搭載各種 AI 模型與演算法，在影像處理、自然語言處理、數據分析等領域，幫助產業能更快速地發展 AI 智慧應用。

5-4　AI 發展的重要幕後推手

深度學習的崛起,離不開上述的重要因素與人物,但是除此以外,其實還有更多其他的幕後推手,促成 AI 的蓬勃發展,以下逐一介紹。

黃士傑與 AlphaGo

我們都知道 AlphaGo 打敗世界圍棋棋王,但大家是否注意到在這兩場世紀對戰中,代表 AlphaGo 的那位執棋者是誰?為何他可以代表 AlphaGo 呢?他就是 DeepMind 的首席工程師黃士傑,正是 AlphaGo 的催生者。黃士傑在就讀台灣師範大學資工所博士班時,撰寫了一個以太太為名的電腦圍棋程式「Erica」,在 2010 年參加日本舉辦的「國際電腦奧林匹亞競賽」中,擊敗了當時公認最強的電腦圍棋程式「Zen」,榮獲 19 路電腦圍棋金牌。

當時 DeepMind 的主管大衛・席爾瓦(David Sliver)對這個研究成果非常驚豔,2012 年延攬黃士傑到 DeepMind 的團隊。2015 年,DeepMind 團隊終於把神經網路、強化學習,與蒙地卡羅搜尋演算法有效的結合,創造出 AlphaGo,並在當年找了歐洲圍棋冠軍,具職業兩段實力的樊麾,作為 AlphaGo

的比賽對手。那時候樊麾老神在在地答應了，因為他不認為自己會輸給一個電腦程式。但在進行五場比賽後，AlphaGo 最終以 5：0 擊敗了樊麾。

對樊麾而言，他彷彿不認識原本的自己，甚至對過去學習圍棋的經驗感到質疑。但經過思量後，他卻決定幫忙 DeepMind 找到 AlphaGo 的弱點，以提高 AlphaGo 對戰韓國棋王李世乭時的勝率。數個月後的 2016 年 3 月 15 日，AlphaGo 以 4：1 擊敗了韓國職業九段棋手李世乭，宣告 AI 第三波熱潮的來臨。2017 年 5 月 23 日，AlphaGo 再度以 3：0 擊敗中國職業九段棋手柯潔，AI 技術進入產業。

AlphaGo 之所以能夠成長的如此快速，除了要歸因於黃士傑與 DeepMind 的努力不懈外，也是因為樊麾願意放下自身的驕傲與偏見，貢獻出自身多年來的圍棋經驗，讓 AlphaGo 能夠得到更多的回饋與改善。

李開復

在 AI 世代，我們會經常看到李開復這個名字，他著書、演講、受訪、投資新創、投資新技術，他籌資私募基金「創新工廠」，大力推動 AI 產業應用。2023 年 3 月他更直接在中國創立零一萬物公司（01.AI），親自擔任執行長，在成立 8 個

月後，發展大語言模型（LLM）Yi-6b 及 34b，並將其開源協助產業應用發展，這是具有 60 億及 340 億參數的大語言模型，在 Hugging Face 的測試標準下，獲得超過 Meta 發表 Llama2-70b 的成績。

　　李開復在 AI 進入產業扮演重要角色，他在 1988 年卡內基美隆大學計算機系博士論文中，發表第一個「非特定人連續語音辨識系統」（Speaker-Independent Continuous Speech Recognition），當年獲《商業周刊》頒發「最重要科學創新獎」。1990 至蘋果的多媒體實驗室任職主任，也在互動多媒體部擔任副總裁。1996 年加入矽谷圖形公司（SGI），擔任網路產品部副總裁與 Cosmo 軟體公司總裁，負責多平台、互聯網三維圖形和多媒體軟體的研發工作。1998 年加入微軟，成為自然互動部副總裁與微軟亞洲研究院院長。致力於開發語音辨識（Speech Recognition）、自然語言處理、全新的搜尋和線上服務等技術，並藉由這些技術，開發出更好的使用者介面。2005 年加入 Google，負責 Google 中國產品研發中心的運營，並擔任 Google 全球副總裁和大中華區總裁，職涯一直是在科技與創新的前瞻發展上著力。

　　2009 年，李開復創辦天使投資公司「創新工場」（Sinovation Ventures），他也經常發表著作或接受媒體採訪，

來表達對人工智慧發展的看法,而他在自然語言上的研究以及對於學生的幫助,不論以學術或教育來看,都是貢獻良多,尤其對於華人的 AI 發展,更是有著不可抹滅的重要性。

吳恩達

1976 年吳恩達(Andrew Ng)於英國倫敦出生並在香港成長,後來他到新加坡萊佛士書院(Raffles Institution)就讀,接著就讀卡內基美隆大學(Carnegie Mellon University,CMU)與麻省理工學院(Massachusetts Institute of Technology,MIT)。2002 年獲得加州大學柏克萊分校的博士學位,並開始在史丹佛大學就職。

2010 年加入 Google X,並且於次年創立了「Google Brain」計劃,主要是利用 Google 的分散式計算架構來計算和學習大規模的神經網路。其最知名的成就,便是使用 1 萬 6,000 個 CPU、1 千萬張 YouTube 影片截圖,以深度學習訓練出一個具有 10 億參數的神經網路,能夠辨識高階概念與特徵,這些成果已被應用到 Android 的語音辨識系統上。

2014 年加入百度擔任首席科學家,負責「百度大腦」計畫,該計劃被視為是百度未來 5 至 10 年決定性的戰略計劃之一。在「百度大腦」計劃中,吳恩達著重於發展百度大腦的語

言能力、自然語言處理能力、圖像技術與使用者圖像等技術。2017 年創建自己的 AI 公司「Landing.ai」，希望將 AI 技術落地於產業。

此外，吳恩達也於 2012 年創建教育科技公司 Coursera，與多家大學合作，提供多元的線上課程。可以說，吳恩達不僅在研究上帶來最新技術與發展，同時在教育上也不遺餘力，讓世界上每個人都有機會學習並參與 AI 相關的研究。

杜奕瑾

杜奕瑾畢業於國立臺灣大學資工系，是 BBS 站批踢踢（PTT）的創始人。2006 年，杜奕瑾加入微軟，參與搜尋引擎「Bing」的設計與研究。2012 年進入人工智慧部門，擔任研發經理，負責 Cortana 產品的研發。2017 年，台灣政府大力推動 AI，邀請杜奕瑾回國發展，創立台灣人工智慧實驗室（AI Labs.tw），希望能藉此提升台灣 AI 的發展與軟體產業競爭力。

台灣 AI 實驗室，積極地將 AI 導入醫療、人機互動與智慧城市等領域。在醫療上，2018 年與台北榮民總醫院合作打造出全世界第一個腦轉移瘤的判定系統（DeepMets）。也與台北醫學大學附設醫院，一同打造 AI 加護病房，利用人工智慧輔助重症照護。2020 年與國立陽明大學、國立交通大學，

和瑞典查爾摩斯工學院（Chalmers University of Technology，CTH）合作，利用聯邦學習（Federated Learning）的技術，成功建立跨國的腦瘤辨識模型，讓模型能訓練也能保有數據隱私性。在人機互動上，開發出「雅婷智慧」，用於語音辨識、合成、智慧問答，甚至是藝術創作。在智慧城市領域，也與各縣市政府合作，促進觀光旅遊產業。如開發海陸漫行（Taiwan Traveler），是台灣第一個360度沉浸式體驗（Immersive Experience）的觀光平台。

以過去歷史軌跡來看，人工智慧的發展每隔20至30年就會有一次重大突破。而 AI 1.0 進展到 AI 2.0，幾乎僅有短短5年左右的時間，未來 AI 發展速度將更為驚人，勢必會出現更多讓人難以想像的新突破。就如 Google 技術總監雷・庫茲韋爾（Ray Kurzweil）認為，AI 有望在2029年通過圖靈測試，電腦將具有與人類相當的能力，2045年 AI 發展的奇異點將會誕生。或許屆時 AI 將可能進階成為「超人工智慧」，指日可待。

第六章

數位轉型從建立「數據思維」開始

　　隨著第四波人工智慧熱潮的興起，愈來愈多的產業將資金投入到人工智慧的研究當中，自第三波熱潮開始，人工智慧走出實驗室，並在各個不同的產業領域，如生醫、金融、農業、製造業等大放異彩。然而，人工智慧並非萬靈丹，仍有其限制，除了需仰賴大量數據之外，如何對數據做正確且有效的解讀，也是各個企業正面臨的問題。對於希望將人工智慧導入自身企業的管理者而言，若對人工智慧及數據分析相關知識沒有基本的認知，很可能會對 AI 技術有所誤解，進而造成誤判，無法實現期待的成果。

　　本章將建構「數據思維」，從討論數據的來源、數據是否

真的有用,以及數據該如何使用,讓讀者能夠了解數據分析的技術、數據的本質及數據的運用。我們也將透過案例來建立數據思維,並認識自身企業有哪些數據,可以幫助企業營運成長及獲利增加,進而累積數位資產創造新商模,進行數位轉型。

6-1 翻轉看不見的數據冰山

　　使用人工智慧技術,必須要有資料,那麼資料的來源何在?仔細觀察會發現,我們生活周遭處處都是數據,行動網路的發展,使人們從互動內容、信用卡消費、網路搜尋、去過的地點、按過的讚數等等,都在網路世界留下了數據。而不論是手機、平板、智慧手錶、RFID 裝置、物聯網感測器這些裝置,還是 YouTube、Instagram、LINE、Facebook 等軟體服務,在現代人離不開的電子設備或軟體服務當中,便儲存了無數筆有關個人行為記錄的資料,每日都在產生驚人的數據量。**以往只有資訊系統產生數據,現在是每個人都在產生數據,這些數據量快速增長,逐漸形成數位人類學(Digital Anthropology)**。

　　根據維基百科的定義,數位人類學是一種研究人類與數位科技關係的學科,也是延伸到人類學與科技的交叉科學。美國顧問公司 Gartner 在 2021 年十大科技趨勢中提出**行為互聯網**

（Internet of Behaviors，IoB），透過互聯網的數據來認識個人行為，並利用這些資料，針對消費者進行相關服務或分析。數據產生的數量不僅快速累積，更呈現指數型成長，從資訊系統產生、從物與機產生、從人產生。2010 年，全球每年產生的數據量約是 2 ZB（2 兆 GB），而現在一年就能產生超過 64 ZB（64 兆 GB）的數據量，而這些數據對企業代表的含意為何？企業又該如何有計畫地收集數據？

我們認為企業應建立「數據思維」，而建立數據思維的第一步，是認識數據的類型、數據處理的觀念，與了解數據的方法。我們將帶領您了解數據的長相與數據處理的技術，再深入探討企業的數據應用，並建構「數據思維」。我們先介紹數據的種類，如圖 6-1 數據冰山的資料型態與其例子，可以看出數據冰山是由許多的結構化、半結構化與非結構化資料結合而成，成為大數據（Big Data）。

1. 結構化資料（Structured Data）

過往能夠被處理的資料，大都是屬於結構化資料。**結構化資料具有固定的欄位、預先被定義的格式與意涵，而在使用時就可以針對各個欄位的定義，進行運算或處理，這在查詢上與處理上較為容易。**目前大量被使用的關聯式資料庫（Relational

圖 6-1　**數據冰山的資料型態與其例子**

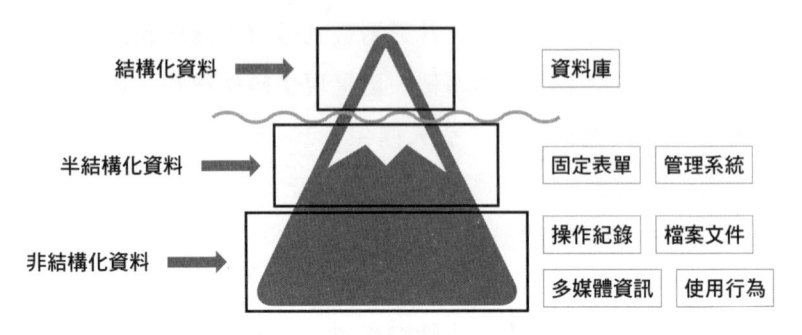

結構化資料 → 資料庫
半結構化資料 → 固定表單　管理系統
非結構化資料 → 操作紀錄　檔案文件　多媒體資訊　使用行為

Database）或 Excel 檔案，都是結構化資料的代表。實際上結構化資料只是冰山一角，還有大量數據等待我們去挖掘，也就是半結構化資料與非結構化資料。

2. 非結構化資料（Unstructured Data）

　　非結構化資料指的是資料沒有固定欄位，也沒有固定格式，例如：文章、圖片、影片、多媒體資訊、沒有固定格式的對話內容等。

3. 半結構化資料（Semi-Structured Data）

　　半結構化資料是介於結構化與非結構化之間的資料型態，在一份資料中可能包含部分有定義的欄位及部分沒有特定格式

內容,例如人才資料表中有固定涵義的欄位,包括姓名、年齡、學歷、地址、電話。但也有可以自由填寫的經歷或自傳,這些內容沒有格式,畢竟每個人表達的方式不同,而這類型的資料就無法透過預設欄位方式來處理或了解資料內容。

AI 令冰山下的大數據資料無所遁行

過往因為半結構化與非結構化資料難以處理,所以長期被企業忽略。然而,**AI 科技的出現,讓非結構化資料的處理變得簡單容易許多。更可以說,AI 是處理非結構化資料的高手**。像是文章、新聞報導的自然語言資料;圖片、相片、影音等檔案資料,或大量且繁雜的大數據資料,這些都能透過 AI 科技做處理,進而協助人類創造更多的應用,因此 AI 科技就如同能將冰山翻轉過來的神器,看清過往看不見的冰山全貌,為企業獲取更有價值的資訊。

根據美國國家標準技術研究所(National Institute of Standards and Technology,NIST)的定義,大數據是由龐大資料量(Volume)、高速度(Velocity)、多樣性(Variety,多重異質資料格式)、變異性(Variability)等特徵的資料集所組成,需要可擴展的架構,以進行有效儲存、處理與分析。

2001 年麥塔集團(META Group)的分析員道格‧萊尼

（Doug Laney）指出**大數據有三個特性：資料量（Volume）、數據輸入輸出的速度（Velocity）與多樣性（Variety）**，合稱「3V」。而之後出現第四個「V」，不同機構有著不同的定義，像是真實性（Veracity）或價值（Value）等。而我們更建議讀者，**從數據價值（Value）來看待數據，因為我們認為，數據價值的重要性高於其他3V，且是3V價值的綜合展現，將數據價值發揮，才能為企業創造價值。**

大數據是以現有的結構化資料為基礎，往非結構化與半結構化資料海前進。大數據技術與統計的最主要差異在於，**大數據是處理資料母體的技術**，資料母體就是對每一筆資料進行處理，來了解大量資料所隱藏的各種樣態（Pattern）、特性、涵義及價值。而**統計是處理資料樣本的技術**，樣本是母體資料中的部分代表性資料，透過樣本的分析，來了解資料母體的特性、涵義及價值。

大數據與統計相同的地方在於，都是利用資料科學進行分析與應用。所謂的**資料科學**，依據美國國家標準技術研究所的定義，是直接由資料，透過一系列發現、假設與假設檢定的流程，萃取出具行動力的知識。簡單來說，其實就是從資料當中去找出其意義與價值的一門學問。

以前只有結構化的資料，能進行分析並從中獲取有用的資

訊,現在非結構化資料也能夠進行分析。不論是交易資料(如時間、帳號、品項、金額等)或是交易評價(感受、喜好、回饋等)都是可以進行分析的資料。所以企業需得將這些資料儲存下來,提供未來的營運需求並做為發展對策。

6-2 細節藏在數據裡

有了數據之後,可以藉由數據分析技術了解到數據特徵,以及從未發現到的現象,並藉由數據視覺化(Data Visualization),將數據分析結果呈現出來,讓人能夠輕易理解。本節介紹自然語言分析、數據分析、電腦視覺、數據視覺化之基礎觀念與應用。

自然語言分析:文字資料的解讀

根據不同的資料來源及類型,進行分析的方式也不同。以文章資料為例,可以利用文字探勘(Text Mining)或自然語言處理技術,找出文章內的重要詞彙,或對文章進行分類和關聯分析,以找到資料當中人、事、物之間的關聯。**文字探勘或自然語言處理,是一種處理人類運用文字來表達情緒、意見、看法,而形成自然語言文章的一種文字處理技術,可以透過機**

器閱讀,來了解文章描述的重點、正負面情緒、文章涵義,是較早出現、運用較多統計方法,來進行文字處理的方法或演算法。自然語言處理技術,涵蓋過往對於文字處理的技術總稱,目前大量採用 AI 技術來進行文字處理,較過往技術能夠獲得更好的成果。

現在也可以利用搜尋引擎,找尋要分析的新聞資料,並藉由爬蟲,抓取新聞資訊或社群網路中的各種發文,並分析近期最常被提到的字詞,也就是熱詞分析(Hot Word Analysis)。透過熱詞分析,除了可以知道近期網上最常被使用的字詞外,也代表社會輿情所關心的事務,這是輿情分析(Social Media Analysis)常用的一種方法,我們可以利用這些熱詞,協助企業在營運上進行對應的改善或發展。例如運用文字雲(Word Cloud)方式來表達輿情的反應,字體愈大就代表該詞出現頻率愈高,反之則愈小,就是透過視覺化工具來做觀測。

此外,我們也可以透過觀察社群網站、新聞或論壇的文章及讀者回饋,來了解讀者的反應。例如透過分析發表在汽車論壇版面的發文,分別觀察讀者對正面評價與負面評價發文的反應。從分析發現,正面評價的發文可以獲得較多的迴響與支持,而發表負面訊息反而無法獲得迴響。這與我們傳統的認知不同,過去是「好事不出門,壞事傳天下」,而論壇中的汽車

版面，讀者卻有不同的反應，反倒是「壞事無人理，好事傳天下」。了解這特性後，業主就可以採取不一樣的行銷策略，在論壇透過發表車子的正面評價以獲取關注，並藉由讀者的反應持續修正企業營運策略。

數據分析：數據資料的解析

除了運用 AI 技術進行大量數據處理，對於一般的數據量，使用統計方法即可了解到許多資料特性，這在 AI 世代同樣具有價值，不需一味追求成本較高的 AI 技術，完全取決於需要解決問題的特性。例如使用平均數（Mean）、變異數（Variance）就可以了解數據的平均分佈或不同參數差異的數據特性，也可以使用相關性分析（Correlation Analysis），探討數據集中各個變數之間的關聯性強弱。如圖 6-2 一般數據資料分析實例，就是運用統計資料了解 BMI 與死亡率之間的相關性。當 BMI 及死亡率的相關係數愈接近 1 時，代表 BMI 與死亡率這兩個變數，有高因果關係。

從圖中可以看到，當 BMI 大於 25 後，與死亡率有著愈來愈高的正相關規律，但想要具體量化相關性，藉由相關性分析就可得出 BMI 與死亡率的精確相關係數，這代表約具有 63% 的相關度。

圖 6-2 **一般數據資料分析實例**

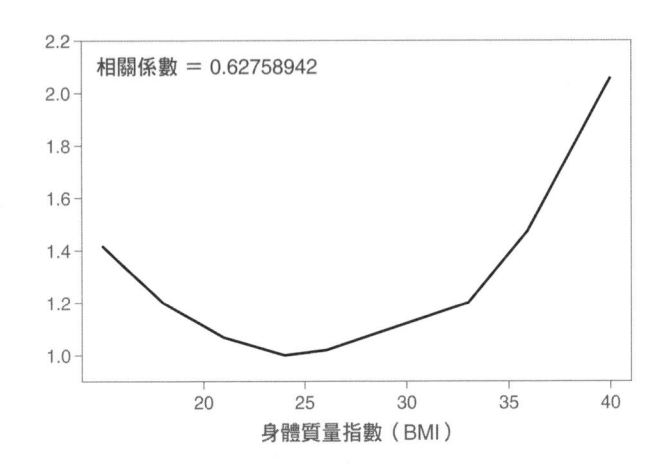

相關係數 = 0.62758942

身體質量指數（BMI）

電腦視覺─看出圖像資料的內容

影像資料分析可以幫助我們了解圖片中的有用資訊。例如圖 6-3 影像分析實例圖，運用影像資料分析演算法可以找出影像中的特徵點，這些特徵點代表著一張圖像的主要特徵。藉由比較不同影像中特徵點的數量與位置，可以讓我們比對兩張圖像中的物體是否相同，或是比較同一個物體的位置變化。

圖 6-3 上側的影像資料分析圖中，左右分別為同一建築當中兩個不同位置的圖像，我們可以利用影像資料分析演算法，分析出左圖和右圖相同位置的對應關係，藉由找出兩張圖中變

圖 6-3 **影像分析實例與合成圖**

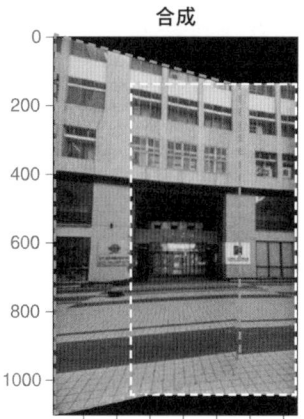

動最劇烈的像素點，一般視覺上會是以角或顏色明顯有差異的部分作呈現，並利用電腦推算出兩張圖的像素點其對應關係，進而找出這兩張圖的角度、放大、縮小之差異，此種分析方式有助於我們接下來進行影像的合成。

　　圖 6-3 下側合成圖所展現的就是經過合成處理的結果。這種方法經常應用於拍攝出 360 度的環繞影像，或 Google 以圖像搜尋圖像功能，都是使用這類演算法來達成。

數據視覺化─用看的了解數據

　　數據視覺化是一種將數據分析的結果透過視覺化圖表方式，將分析結果展現出來，讓人可以直接從視覺來了解一個數據集的數據特性或發現數據的含意。圖 6-4 土壤液化數據視覺化實例，是經濟部地質調查及礦業管理中心公布的土壤液化潛勢查詢系統，從圖中可以看到台北市土壤液化高、中、低潛勢的地區位置，藉此讓當地民眾有所警覺。這是數據視覺化的功用，在企業經營上也經常會運用數位儀表板的方式來展現，這些都是數據視覺化經常被運用的場景。

圖 6-4　**土壤液化數據視覺化實例**

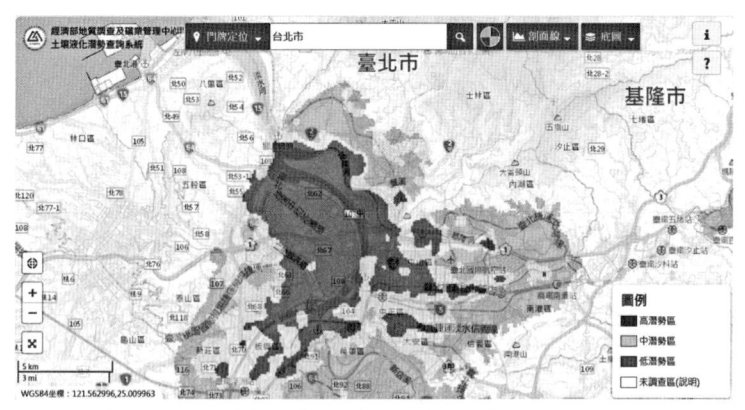

資料來源：經濟部地質調查及礦業管理中心土壤液化潛勢查詢系統網站 https://www.liquid.net.tw/cgs/public/

數據分析＋數據視覺化

利用數據分析，可以將原本不容易看出內涵的資料彰顯其意義，而採用不同的分析方法或演算法，我們可能會得到不盡相同的結果，這是我們對於數據分析必須要有的認識。因此一個正確的**數據分析方式是需要兩種專業一起合作，一是數據分析專業**，可以提供不同解讀資料的方法；**另一種則是應用領域的專業**，可以提供解讀與選擇最適合表達該資料含意的方法，如此才能對資料做出正確解讀與應用。

如圖 6-5 不同方法對數據資料進行分析並視覺化實例，是以

圖 6-5 不同方法對數據資料進行分析並視覺化實例

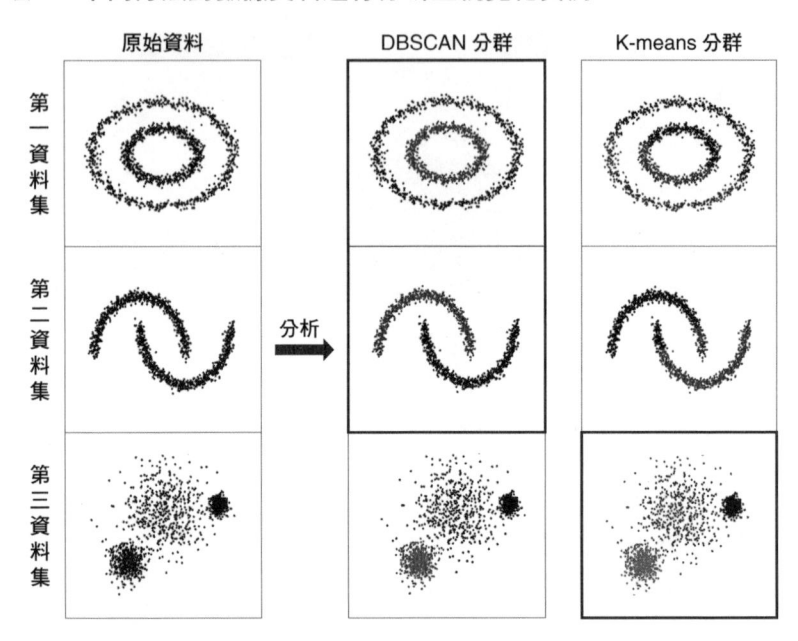

DBSCAN分群（Density-based spatial clustering of applications with noise）及 k-means 分群（K-means Clustering）兩種方法對同一個資料集進行分析，最左為資料原本的狀態，資料從上到下有三個不同資料集，分別標上第一到第三資料集。我們從資料原本的狀態，無法從中得出什麼有效資訊，但是根據不同的分析方式，可以讓這些數據分出不同的群體，同時用不同的

顏色表示出來。這些群體就能幫助我們做更進一步的分析。

不過使用不同的分析方法可能會得到不同的結果,而且並非每個方法都能夠符合預期效果,此時就需要資料領域專家進行輔助判斷選擇。

例如第一與第二資料集的兩種資料分布,由於 DBSCAN 會根據資料分布的密度去進行分群,因此如果資料的分布具有較明顯的某種規律或特定分布時,用 DBSCAN 比較能夠分出理想的群體出來。但是第三資料集的分布反而使用 K-Means 的效果會比較好,因為資料中間的區塊分布較其他兩個群體稀疏,對於 DBSCAN 來說反而會忽略這個群體;而使用 K-Means 這種根據資料點距離來分群的演算法,則能有效地分出理想的三個群體出來。因此根據需求以及資料的特色選擇適當的演算法,對數據分析來說非常重要。

之於影像資料的判讀,也可藉由影像分割(Image Segmentation)技術,透過找出在影像中具有特殊性的部分,以進行更多的分析。這些技術可用於賣場購物環境的改善,運用監視器的影像分析,對顧客的行為作出判斷,進而提供顧客舒適與自在的消費環境。或是用於自駕車系統,用來偵測影像中各個人事物的位置,以判斷或改變自駕車目前的行車狀態。又或是用於醫學影像,找出器官異常的部分,以輔助醫生進行

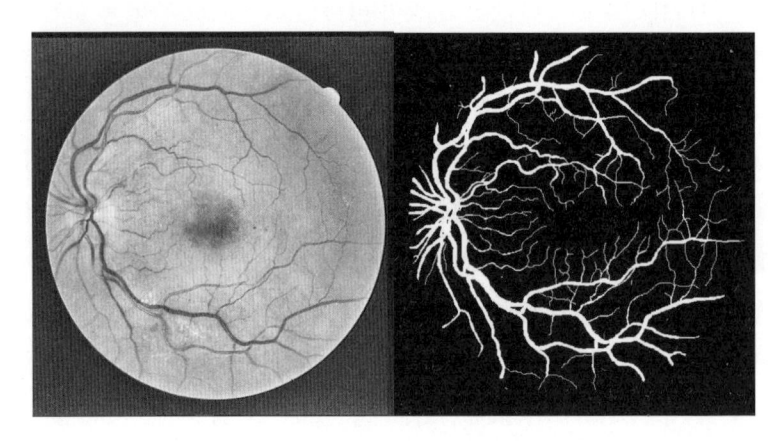

圖 6-6 **醫學影像資料分析並視覺化實例**

資料來源：Luca Antiga, Retina blood vessel segmentation with a convolution neural network (U-net), GitHub, Jun 28, 2016

診斷。

　　圖 6-6 醫學影像資料分析並視覺化實例，左圖為一張眼球的醫學影像，在過去眼科醫生透過肉眼來進行判斷，但當使用神經網路演算法去學習從一張眼球的醫學影像中，分割出血管的部分，並將其強化顯示而突顯出來，就會出現如右圖的現象。如此不僅能讓醫師在做決策時更有把握，對於未來若使用 AI 進行醫學診斷時，也能夠讓醫師去判斷這個診斷是否有誤。

　　從上述實例可知，要知道如何使用資料，首先必須要了解

資料，包括了解資料來源為何、資料型態是什麼，才能夠從中找到對應的技術以及方法，去做數據分析和數據視覺化的呈現，並將這些資料的價值找出來。

但千萬不要以為有了資料就開始迫不及待的進行分析。更重要的是，我們必須知道想要解決什麼問題？**從解決問題的目標去找尋能用的資料，再從資料中找尋答案，這才是正確使用資料的第一步，也是數據思維很重要的一步。**

6-3　數據翻轉新商業模式

我們認識數據如何運用分析技術來應用，而數據應用的背後必須要建構正確的思維，**從解決問題出發來收集數據、處理數據、運用數據，就是「數據思維」，先累積營運數據，探求數據的應用，再完善數據收集。**

企業經營一定會產生營運所需要的資料，也累積各種外部收集的資料，而這些資料除正常營運所需，還可以為企業帶來什麼效用？為企業發展帶來什麼幫助？企業要如何治理這些資料，這是需要探討的命題。企業的營運資料很多，且日復一日地產生，如交易資料、客戶資訊、服務資料、作業資料、輿情資料、產業環境資料等，這些資料除了幫助企業的日常營運

外，還能對企業的發展有何幫助？我們看看以下的例子。

　　Google 作為全球搜尋引擎龍頭，如今獲利最多的是廣告收益，占營收的八成之多。原因在於當民眾使用搜尋引擎的同時，Google 藉由使用者的搜尋紀錄，推薦各個使用者較有興趣的資訊，提高廣告點閱率，以賺進更多的廣告收益。由 Meta 創造的社群平台 Facebook，其獲利最多的也是廣告收益，占營收九成以上，比 Google 的比例還要高，同樣是藉由使用者按讚、打卡等行為的互動紀錄進行分析，接著利用人際互動與搜尋來連結各種活動或廣告訊息，將使用者連結到企業準備好的接觸點上，進而獲取廣告收益。

　　因此企業必須建立數據思維，對數據有更深認識，並透過數據來驅動成長動力。也就是說，當我們擁有數據，就應該思考如何去運用，讓這些數據除了對營運有所幫助外，更要進一步思考企業的未來發展，或是為目前的主業之外創造可能的機會與價值，這些可說是非主業的黃金，而這些黃金甚至可能比主業還值錢。

　　數據運用除了思考與主業相關的營運外，更重要的是思考能否創造出「非主業的黃金」，我們可以從「數據效用」、「數據驅動新商模」兩個角度來思考。

1. **數據效用：重視數據效用，才能創造價值**

我們常會談到大數據，很多人認為數據夠大才有用，但這其實是一種數據迷思，**數據價值才是重點，唯有能創造價值的數據才對企業有幫助**，所以如何創造數據效用才是關鍵。一個企業營運自然會留下資料，而這些資料是企業的資產還是負債呢？若沒有運用就是負債，能發揮效用就是資產，而且能成為非主業的黃金。

企業必須能運用數據來改善內部作業流程、調整產品策略、調整市場方向、提高客戶黏著。例如從顧客服務資料看出顧客經常透過哪些管道來互動，就可以強化這些接觸管道的服務內容與體驗方式；或從客戶抱怨與回饋需求來強化服務，如此數據就能成為改善產品的重要資訊。

2. **數據驅動新商模：透過數據價值，改變商業模式**

我們可以運用數據以提供新服務，產生新附加價值，或創造新的商業模式。如餐飲外送平台，除提供點餐及完成餐點遞送服務外，更掌握每個地區的消費者之口味喜好及生活習慣，這些資訊不僅可以提供給店家做為營運上的建議，甚至能成為提供給有計畫開店的業主之顧問服務。

以 Twitter 為例，該公司的主業並不是經營數據產品，而

是將公司所收集到的數據，授權給其他數據服務公司，讓其藉由這些數據資料進行分析，以更好的服務客戶。另一項例子LinkedIn，原是專門為商業人士設立的社群網站，截至2015年時，其最主要收入是向招募人員及專業銷售人員收取會員資訊的存取使用授權費。2016年由微軟收購後，開始將這些數據拿來為企業與求職者提供徵才解決方案，截至2021年2月，LinkedIn其中一個主要收入來源就來自徵才解決方案。

營運數據也是一門好生意

將收集的數據與相關產業進行合作，提供所需要的服務，也是一種可以發展的商業模式。現今極端氣候對各產業造成不容忽視的影響。如農作物的產量、太陽能及風力電廠的運作效率，甚至路跑活動，都得依照天氣與空氣品質來決定是否如期舉辦。許多企業活動都受限於天氣，若能精確掌握天氣狀況，不僅能提高作業效率，也能降低損失。

天氣風險管理開發是台灣第一家民間氣象公司，長期收集各種氣象與產業相關資料進行分析，提供氣象數據資料、防災氣象、雷擊預警、海上氣象預報及應用程式的介面整合（API）服務，也推出個別企業顧問服務、零售來客與商品銷售預測、天氣與庫存預測等。甚至針對個人提供專屬客製生日

天氣圖、日常穿衣指數服務。這項例子正是將長期累積的資訊及經驗，變成公司數位資產並進行銷售。

另一個例子是共享機車服務，若以數據角度來分析經營共享機車的公司，其實它也是一家數據科技公司，其營運平台及營運數據就是數位資產，營運數據也能成為銷售的產品或服務。共享機車有大量機車在城市執行載運服務，其車上的感應器會知道城市哪些地方路不平、有坑洞，並回報給相關單位，如此就能成為智慧城市最佳夥伴；或透過旅程的起迄點與時間，成為導流消費者到商家的最佳助力。這些數據皆可創造新的營運商模，為企業創造新收入。

以台灣最大共享機車威摩（WeMo）為例，2022年8月WeMo發表新服務，藉由已建立的車聯網技術、營運平台、服務流程及累積的數據科技能力，推出「WeMo RenTour 旅途」的服務，包含汽車、機車、電動單車、滑板車等交通工具租賃。這項服務除了可以整合現有各地出租汽車行、機車行外，還能幫助傳統租賃業者加速數位轉型，更能帶給民眾多元的移動選擇，將服務能量延伸到新領域，鏈結合作夥伴，建構多元交通運輸旅程服務新商模。

「數據效用」是讓企業對於數據有更多運用的思維；「數據驅動新商模」，則是藉由累積大量的數據或服務平台，轉換

為數位資產，成為可使用的資料或提供新服務，提供給有需求的用戶。以這兩個角度來建構與思考數據運用，就是數據思維的最佳應用。

6-4 解決數據應用的兩大困境

了解數據思維後，接下來分析企業在實務上可能面臨的困難。

解決數據應用「兩大困境」，驅動企業成長

在數據應用上，應先建立數據應用的服務目標，並以此來修正以完善數據的收集。話雖如此，相較於大企業掌握較多的資源，可以採用專案發展，或與資訊服務業者進行客製開發，但對資源相對不足的中小企業來說，實務上可能會遇到以下兩種困境。

困境 1：數據擁有問題。一般業界會遇到**「有數據的沒技術，有技術的沒數據」**的困境。企業擁有經營數據，但卻沒有 AI 技術，尤以中小企業最為明顯；至於擁有技術的資訊服務業者，手上沒有數據，造成雙方磨合期長，不易成功；或是雙方合作後產生的智慧應用，也不易應用到其他企業之上。

困境 2：數據收集問題。企業在沒有完整數據思維下，可能收集到的資料不夠完整，無法有效建立解決方案，若要補足資料也是工程浩大，以致企業躊躇不前。而處於 AI 2.0 的現在，企業對資料的需要更是快速成長，除自己難以收集完整外，要取得數據授權也是極為困難。

針對以上困境，我們提出兩大策略以供建議。

建議 1：選對問題策略。如何選擇一個對的智慧應用問題，是一個重要的起點，企業可以運用行業經驗，定義共同問題，逐漸建構出一個智慧應用解決方案。

對有數據的企業而言，可以與 AI 技術公司合作，集中資源發展有效的應用方案。對有 AI 技術的公司來說，可以發展一個產品或融入現有產品系統中。比如製造業經常提起的就是瑕疵檢測、預修保養這類問題；在商業上則經常將推薦系統、服務機器人運用於各種解決方案中。我們可以透過數據思維與產業經驗知識，發展出更多智慧應用以協助產業發展。

建議 2：時間換取空間策略。企業可以依照想要解決的問題，規劃保留資料項目，在系統中留下必要紀錄，並從現有數據進行整理與應用。接下來逐步累積必要資料，系統則可以逐步運算歸納資料，修正模型且提出預測的建議，隨著營運時間

與資料量增長，其模型運作結果會愈來愈好，進而達到可供參考或是可供採用的成果。

數據累積與應用有各式各樣的方式，不論是獨自經營、與其他企業合作、或是授權給其他企業都是可行的方案，端看企業能否認知到數據的價值。

本章強調的**數據思維，就是從數據價值出發，決定我們要運用數據來提供哪些服務，然後收集資料發展智慧應用，以終為始的概念驅動企業發展**。您可以依據熟悉領域，以**「選對問題、時間換取空間」**的策略來發展智慧應用，融入既有產品；或是引入 AI 技術廠商，雙方共同合作發展，以加速數據的收集與應用。

產業資料若能建構一個類似「跨產業數據交易所」的機制，讓跨產業合作，並透過可靠的交易所廣泛取得數據授權，包括數據、影像、文章等各型態的資料，如此對於企業發展 AI 智慧應用或生成式 AI 應用，都會有很大幫助。產業界若能將數據轉為資產甚至能夠獲利，對整體產業的發展也會有極大的助益。

企業對於數據的累積、處理及運用都是非常關鍵的一環，唯有透過數據思維建構新的數據驅動力，才能成為企業成長與轉型的主引擎。

第七章

另類的 AI 學習思維

　　資訊科技發展數十年來,幫助企業作業自動化,而 AI 世代則是帶領人類朝智慧應用的新世界邁進。本章將帶您透過學習思維來重新認識資訊的能力,現今電腦已不僅是透過電腦程式來執行系統化的邏輯步驟,而是讓電腦自己學習並找出規則,而獲得結果。

　　這樣的方式與以往解決問題的思考邏輯全然不同,是一種思維的改變,徹底改變你原有的慣性思考模式。

7-1　邏輯思維與學習思維—另類電腦運作方式

　　身處 AI 世代,如何了解這世代電腦的運作方式與過往的

差異？AI技術在電腦中又是如何運作？發展應用系統，又該如何運用 AI 才是最好的方式？以上問題可運用「學習思維」來解答，重新認識電腦的能力。

傳統邏輯思維 vs 機器學習思維

機器學習發展有一個重要核心概念是「學習」，**人類要掌握 AI 科技，就必須掌握機器學習的本質，就是「學習思維」**，這就是另類電腦的運作方式。

簡單來說，我們認為 **AI 就是將人類經驗系統化，將人類經驗融入資訊系統中**，根據環境變化來改變作業方式，讓人類找到一種有效讓機器自己學習的方法。不用告訴機器用什麼方法來解決問題，而是透過大量的資料處理，學會推論、預測、辨識答案，這個過程就是學習。

圖 7-1 說明邏輯思維與學習思維的差異，以下分別說明之。

邏輯思維建立自動化系統

資訊科技將產業作業流程自動化，將人事、會計、財務、倉管、行銷、銷售、服務流程都自動化，其設計方法是透過系統分析師、程式設計師等了解需要處理的資料，觀察資料特性

圖 7-1　**邏輯思維 VS 學習思維**

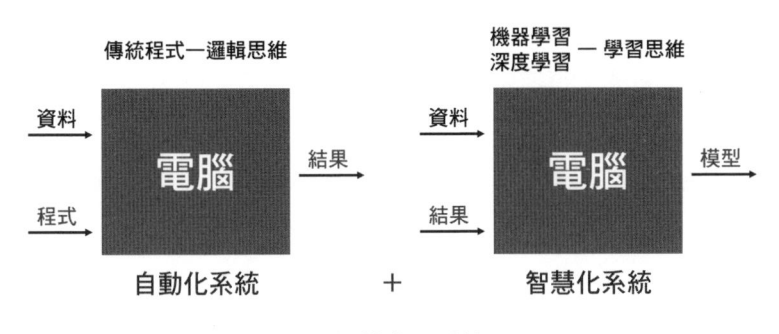

```
傳統程式―邏輯思維              機器學習
                              深度學習 ― 學習思維

資料 →                         資料 →
      [電腦] → 結果                   [電腦] → 模型
程式 →                         結果 →

  自動化系統         +           智慧化系統

              AI 智慧應用系統
```

及商務規則後,將這些規則歸納成為一套處理邏輯,並設計在程式當中,也就是**電腦是根據人所提供的資料與程式來執行,就會得到預期的結果。這種運用邏輯概念來制定程式規則的處理方法,就是邏輯思維**,如圖 7-1 的左半部所示。

　　以庫存管理系統來說,要對倉庫的各類庫存品項做好管理,當有進貨時,就對進貨品項做入庫增加庫存量;當有需要生產時,就將物料品項出庫做扣減庫存量;當有品項低於預先設定的安全庫存量時,就提出警示與列出清單,提醒管理者進行採購,這個將庫存作業流程自動化,大幅降低管理人力,就是**運用邏輯程式來處理龐大且異動頻繁的資料,稱為自動化系統**。

資訊科技發展就是以此種方式來協助作業自動化。至於低於安全庫存的品項應該進多少量？這可能與季節、市場需求、生產良率有關，每次進貨量都會隨這些因素而變化，此時就需有經驗的人員來決定採購量，才能讓生產順利進行。

傳統自動化資訊系統有很多流程需要由人介入，透過人的判斷來做適當的決策，以確保系統能順利運作。而在 AI 世代，即使是無經驗的人一樣能做到，要做到這一步，就得透過學習思維。

學習思維建立智慧化系統

過往資訊系統大多以邏輯思維來設計，但受限於需要人去設計處理邏輯流程，若遇到如影像辨識、文章處理等應用，很難描述具體邏輯規則，在自動化資訊系統的運用上即受到限制。

現在，當人類提供資料及期待結果給電腦學習，電腦就能夠處理人類難以消化的龐大資料量，自動學習找出規則，給予人類期待的結果，**此過程就是學習思維。**

提供資料及期待結果給電腦學習，意味著**資料與期待結果的對應就是人類的經驗，讓電腦自動學習人類經驗的特徵與規則，來解決人類經驗難以系統化的問題，稱之為智慧化系統，**

如圖 7-1 的右半部所示。

例如用人臉辨識來判斷人的年齡及性別，就必須收集大量各式各樣的人臉圖片作為資料，並針對每一張人臉圖片標註其年齡及性別，作為期待的結果，這是用人類經驗來標註，把人類的經驗提供給電腦的方法，接著透過機器來學習這些對應的人臉圖片與年齡、性別，找出圖片資料特徵，建構預測模型。

即使是一張機器從未見過的人臉圖片，也能透過預測模型，判斷可能的年齡與性別，這就是運用學習思維來讓電腦自動學習，以處理人類希望解決的問題，建構出的智慧化系統。

自動化系統＋智慧化系統 ＝ AI 智慧應用系統

以上述庫存管理的例子來看，若能夠提供過往在各種季節、氣候、市場需求、產量、良率等的庫存品項採購量，讓機器透過學習思維建構庫存品項採購預測模型，就可以推估各品項可能的進貨量，並將自動化系統中需要人員介入之處，以機器學習建立的預測模型取代之，就可以將人的經驗融入系統中，透過不斷累積資料與學習，達到一個期待的正確率，之後就能自動地進行採購作業。

也就是說，**將自動化系統結合智慧化系統，讓人類經驗透過學習思維融入自動化系統中，形成 AI 智慧應用系統**，創造

資訊科技前所未有的能力,快速讓過往難以描述規則的問題得到良好的解決,如服務業的行銷成效預估、自然對話服務機器人;製造業的瑕疵檢測、預修保養;醫療業的病徵檢測、癌症處方推薦;教育業的輔助教學系統、學習成效評估系統;金融業的授信判斷、理財推薦;人資管理的自動履歷篩檢、離職預測等各行各業的應用,協助個人工作也讓產業得以快速發展,賦能個人及賦能產業。

掌握學習思維,就能對 AI 有更深層的認識,也能了解 AI 學習的本質,幫助讀者進一步掌握產業特質,進而選對問題,運用學習思維建構智慧化解決方案。只要對機器能力有更完整的應用,就能賦予更多的智慧應用,最終有效地解決問題。

7-2　特徵工程─讓電腦可以理解世界

AI 學習人們提供的資料,背後最主要的目的,就是讓模型能學會數據的特徵(Feature),透過特徵的掌握來理解數據。以下探討數據特徵的含意,以及了解電腦是如何來理解這個世界。

特徵是機器學習中非常重要的一個環節。就好比一位企業主管透過篩選面試者履歷,選擇適合的人選。履歷表上包含各

項經歷、優勢、未來規劃等,然而不同主管考量評估的標準也不盡相同,若想要讓機器從中選擇條件符合期待的人員,必須要先提供履歷資料上的重要訊息給機器並進行學習,這就是所謂的特徵萃取(feature extraction)。了解資料的特徵後,機器才能從龐大資料中,找出各資料之間的特性與差異,然後進行學習。

　　機器學習便是透過學習資料特徵,從中找出較為重要的特徵,並且學習出一套運行規則,以將人的經驗模型化,透過運用學習出來的模型,複製與運用人類的經驗。

特徵工程,讓電腦理解世界

　　從資料中找出最適合代表一個事物特徵的工程方法就是特徵工程(Feature Engineering)。舉例來說,若要讓機器能區別出貓、狗還有車子,要用什麼方法才能做到呢?這裡假設用三個特性來代表這些貓、狗、車子的特徵,只要機器能判斷這三項特徵,就能輕易地判斷出貓、狗、車子,而找出這三項特徵的工程方法,就被稱作特徵工程。

　　例如可以利用輪胎、車燈、後照鏡的有無,來判斷其是否為車子;也可以用耳朵、眼睛、鬍鬚的有無,來判斷圖片中出現的是貓還是狗。又如從人臉辨識來看,該用什麼來標示人的

特徵？比方說，眼睛到鼻子的距離、髮際線的高低、是否有酒窩等，這些都是特徵的表現。

假設想要讓機器學習在罰球線進行投籃，並且盡可能達到百發百中，那麼就可以利用特徵工程的方式，找到最適合的特徵，比如出手高度、投球力道和投射角度等資訊，甚至提供像是籃球板的摩擦係數、籃框的位置與大小、當天的風向等，讓機器可以投得更加精準。

也就是說，機器在學習過程就如同學習投球的過程，若沒投進，機器便要思考如何修正投球軌道與力道、角度該往哪邊微調，然後持續地調整與學習，直到把球投進為止。

機器學習演算法

我們要設計可以讓機器自動「學習」的方法，而**讓機器自動去「學習」的方法稱為機器學習演算法**。機器學習演算法是透過一種運算規則，對數據進行持續性的分析運算，而獲得整體數據的規則模型，並利用這規則模型對未知資料進行預測的方法，當中也需要人員提供具有良好特徵的資料及其結果。學習演算法中涉及大量的統計學理論，機器學習與推斷統計學尤為密切，因此也被稱之為統計學習理論，至於統計學涉入較少的則是深度學習。

圖 7-2 **場均得分與球員薪資對比圖**

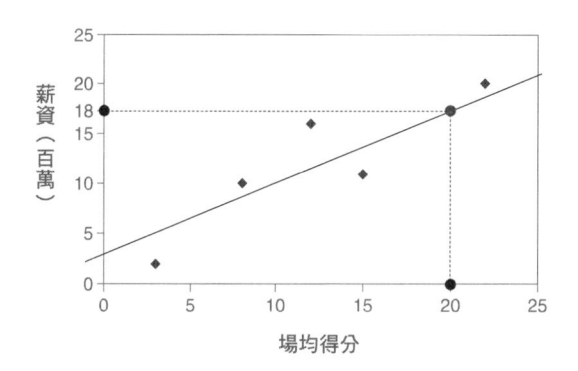

場均得分	薪資（百萬）
22	20
15	11
8	10
3	2
12	16
20	?

以圖 7-2 來解說機器學習的過程。當我們有了每一位籃球員的場均得分及其薪資後，就可以根據資料的分布讓機器學習出一個回歸線。所謂的回歸線是能盡可能代表一個資料分布的一條直線，此處所指的回歸線即圖 7-2 的斜線段，就是球員場均得分與薪資之數據集的規則模型。可以看到籃球員的場均得分與其薪資的分布是貼著這條線在走，就能利用籃球員的場均得分，決定其薪資落點。

接下來從圖 7-3 模型訓練與預測中，可看到模型的學習過程主要分為兩大部分，其一是訓練階段，其二是預測階段，也可稱為推理階段。

訓練階段主要讓機器去學習，這部分非常耗時。機器在讀

圖 7-3　**模型訓練與預測**

訓練階段：重複訓練直到找到最佳解

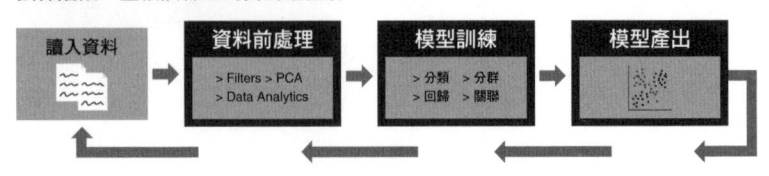

讀入資料 → 資料前處理（> Filters > PCA　> Data Analytics）→ 模型訓練（> 分類　> 分群　> 回歸　> 關聯）→ 模型產出

預測階段：整合你的模型到應用程式中

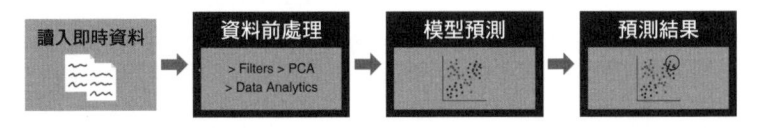

讀入即時資料 → 資料前處理（> Filters > PCA　> Data Analytics）→ 模型預測 → 預測結果

取完資料後會出現三個步驟,即資料前處理（Data Preprocessing）、模型訓練、模型產出。在大量數據的情況下,人類很難找到一系列的邏輯來處理資料,但在機器學習中,則可以用學習的方法找出其特性,洞悉未知。

在資料前處理階段,我們將會對資料進行一些處理和優化,像是如果部分資料有缺失,就會在此階段進行資料填補的動作,然後進行模型的訓練,以得到一個訓練完的模型。

而在預測階段,則是把我們訓練完的模型拿去實際使用的場景。當我們有即時的資料輸入時,仍然必須進行與訓練階段一樣的資料前處理,好讓資料一致,讓模型預測可能的結果。

7-3　自動化特徵─讓電腦自己理解世界

機器學習需要的資料特徵是由人來做特徵萃取的工作，但在資料量大的情況下，人類很難萃取出很好的特徵，此時該如何處理呢？是否有更好的方法來完成這個工作？

特徵工程 vs 自動化特徵

選取好的特徵在特徵工程中極為重要，但因特徵是由人來決定，不免會有個人主觀因素與領域專業知識的落差，即便挑選出特徵，還要進行繁雜的資料特徵標記動作，過程非常耗費人力與資源。想要讓機器自己學習出特徵，自動化特徵（Automated Feature）就是最好的答案。

所謂**自動化特徵就是讓機器自動學習出大量資料的特徵**。圖 7-4 可看出一般特徵與自動化特徵的差異。同樣都是投資金額與獲利的關係表，我們可以很容易從上表的數據，判斷獲利就是投資金額的 20%，這就是這組資料的特徵。掌握這個特徵後，我們就能推測任何投資金額的獲利金額。

但從下表卻很難從數據中看出投資金額與獲利的關係，光是這樣的資料量就不容易看出，更遑論資料量大時的困難度更高，此時就需要自動化特徵萃取的能力。深度學習就具備這個

圖 7-4　特徵工程 V.S. 自動化特徵

・透過投資一個 A 生意，依照下面經驗，投資 300 萬會獲利多少？

投資金額（百萬）	獲利（萬）
100	20
150	30
200	40
250	50
300	?

・獲利：60 萬
・獲利模式：投資金額的 20%

・透過投資一個 B 生意，依照下面經驗，投資 300 萬會獲利多少？

投資金額（百萬）	獲利（萬）
100	23
150	32
200	46
250	60
300	?

・獲利：73 萬
・獲利模式：
　1. 以 25 萬為級距，每個級距基本回饋是前一級距的 1.2 倍，第一級距為回饋 5 萬。
　2. 每增加投資 100 萬，增加回饋獎勵金 2 萬。
　3. 依照投資金額給予 12% 的獲利。
　4. 獲利計算至萬位，四捨五入。

能力,能直接透過大量資料學習來找出資料集的特徵,也就是找出能代表這資料集函數的參數。關於參數的概念,我們在下一節會有更詳細的解說。

機器學習 vs 深度學習

　　圖 7-5 說明機器學習與深度學習的差異,上方是機器學習的方法,下方則是深度學習,兩者的差異為何?

　　機器學習必須要有人員去做特徵萃取,在資料量少的時候表現良好,但人難以處理大量資料。反之,在深度學習中,其特徵萃取的動作是交給機器來做,但是相對訓練的資料數要夠大才能學得好。兩者的本質不同,也各有其優缺點。通常基本資料量少會選擇機器學習,反之則選擇深度學習。

　　圖 7-6 則充分顯示,機器學習與深度學習隨資料數量的不同所表現出來的差異。

　　一般數據量較小時,適合機器學習,因為特徵是由人來做萃取,可以讓機器學習快速獲得人類對數據的認知與經驗,所以數據量很少時,機器學習就能得到不錯的效果。

　　而深度學習的資料特徵是由模型自己學習,較不會受到人類的限制,但必須要有大量的資料才能有好的表現,數據量不夠大,會導致深度學習的效果不佳,表現可能低於機器學習。

圖 7-5 **機器學習 V.S. 深度學習**

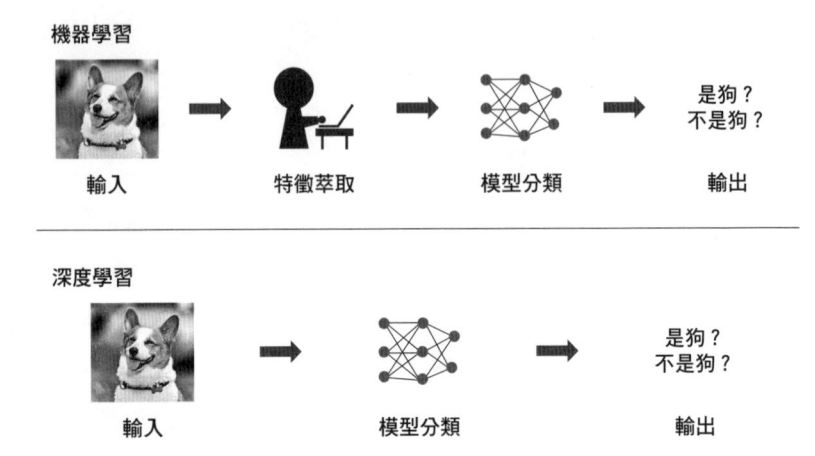

機器學習

輸入 → 特徵萃取 → 模型分類 → 是狗？不是狗？輸出

深度學習

輸入 → 模型分類 → 是狗？不是狗？輸出

反之，若資料量提升，資料量愈大，表現就會愈好，可以突破機器學習的限制，在圖像分類及預測上會有很明顯的成效。

深度學習的困境：成本高又不具解釋性

在選擇機器學習或深度學習時，應以資料量大小及績效目標做選擇，而非一味認為深度學習就是最佳方法。若從成本角度來看，由於深度學習需要大量的運算，其運算成本遠高於機器學習。

事實上，深度學習還有一個非常致命的缺點，就是深度學

圖 7-6　**機器學習與深度學習隨資料數量的表現差異**

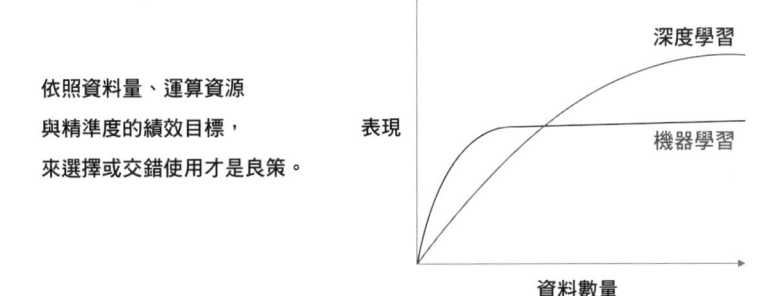

依照資料量、運算資源與精準度的績效目標，來選擇或交錯使用才是良策。

表現／資料數量　深度學習　機器學習

習很難解釋為什麼模型會作出這樣的預測，即為解釋性（Explainability）較差的缺點。由於深度學習是一種模擬人腦運作模式的學習方法，再加上特徵是由電腦自己學習，所以深度學習通常較像是黑箱運作，較不容易被解釋。

比方說，讓模型判斷一張圖片是否為斑馬，在機器學習的角度，模型是根據人所萃取出的特徵——發現「是否有黑白條紋」，而這個關鍵特性也可以在訓練好的模型中很輕易地被看出來。但在深度學習上，它只會是神經網路中各節點學習的結果，經過一系列的學習之後判斷牠是斑馬。

正如同我們至今仍無法完全理解大腦的運作模式，模擬大腦運作的深度學習也很難得知其判斷方式。儘管深度學習有著

比較高的準確度,但在解釋性方面仍是一大問題。

7-4　模型權重─電腦到底在學什麼

　　在了解電腦學習特徵的概念後,接下來進一步探討,電腦究竟怎麼學習?要如何讓模型學得好?深度學習又是怎麼自己學習出特徵?這些關鍵都在於「權重」(Weight)。以下從神經網絡來探討,電腦如何模仿人腦來進行學習與訓練。

神經網路

　　神經網路早期稱為類神經網路,就是模仿人類神經網路運作的一種技術,現在被廣泛應用,並以神經網路稱之。要了解神經網路,就得從人腦中神經元的運作來理解。

　　人腦中有許多神經元,神經元與神經元之間會傳遞訊息,造就腦部運作與功能,幫助人類做到感光、語言、表達等行為。神經網路就是模擬人腦神經網路運作的一種模型,圖 7-7 的左方是人腦的一個神經元細胞,樹突是用來接收來自其他神經細胞的訊息,而軸突則是負責傳遞訊息給其他神經細胞,在接受到前面多個神經元所傳遞的信號後,會根據接收到的能量大小,來決定是否繼續往下傳遞訊息。

圖 7-7 **從人腦神經細胞到類神經網路**

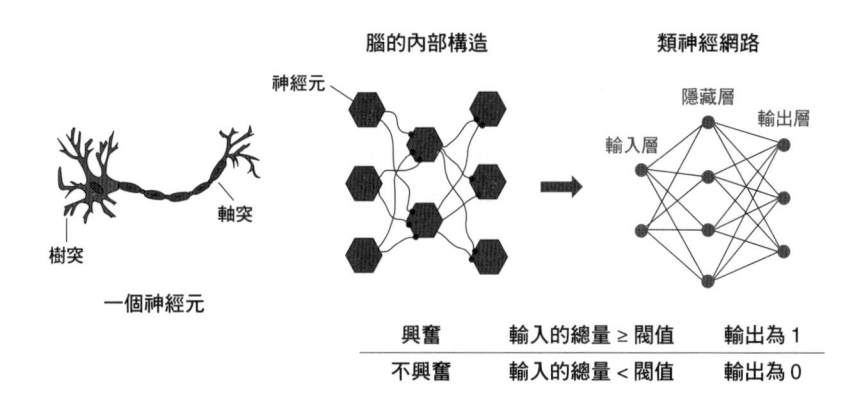

	興奮	輸入的總量 ≥ 閾值	輸出為 1
	不興奮	輸入的總量 < 閾值	輸出為 0

圖的右方就是根據腦的內部構造，模擬出的一種神經網路，也就是深度學習的一個模型基本架構。

神經網路模擬人腦中的神經元與神經元之間的連結，每個連結皆會傳遞訊息，就如圖 7-7 右邊神經網路圖中輸入層、隱藏層、輸出層之間互相連結的線，所要表達的就是神經元與神經元之間的關係，中間的每一條線就是一個權重或是一個參數（Parameter）。

每個參數都是一個數字，這些參數輸入於神經元中，經過運算以決定輸出的參數大小，一個神經網路就是由一群非常大的神經元及參數所構成，形成一個可以用來學習過往經驗的模

型架構。

　　而要讓電腦學習，必須提供輸入資料及預期輸出結果，以訓練電腦可以自行找出資料與結果之間的關係，這個過程就是學習或訓練，此關係就是調整整個模型中神經元之間的參數或權重組合，因此可以說，**模型在學習的就是參數或權重**。

　　權重的概念像是要調整輸入的比例，讓某些輸入的節點擁有比較高的占比，整個過程必須透過不斷地訓練、調整這些權重的數值，讓每個節點接收到最佳資訊，並繼續傳遞下去，最終訓練出模型，產生一個準確的預測或分類結果。

　　神經網路如同人腦，愈使用愈聰明，當輸入的資料愈多，神經元與神經元之間的連結愈活絡，產生的參數量愈大，即便是電腦從未接收過的資料，也能透過自我學習找出對應的結果。就好比學習過辨識性別的模型，當接收到一張從未看過的人像，電腦仍能辨識出女性或男性，原因就在於電腦先前已學習辨識大量的照片，能夠理解女性與男性的特徵，所以能夠辨識出從未見過的相片。

　　舉例來說，OpenAI 在 2018 年發表 GPT 參數量為 1.17 億，也就是代表神經元與神經元之間有 1.17 億個參數，2019 年發表的 GPT-2 模型參數量已達到 15 億個，到了 2020 年的 GPT-3 參數量已達到 1,750 億。隨著參數量愈大，電腦學習能

力愈強,也代表著大型語言模型能夠模擬人腦的能力愈加成熟,反應也更貼近人類。

過往 AI 1.0 的模型參數量約在百萬級,若達到千萬級的參數量已是很大的模型。而在 AI 2.0 世代的模型已進入十億級、百億級甚至千億級的參數量,代表模型愈來愈聰明,對運算力的需求已超乎過往,呈現大級距的提升。隨著運算資源已成為稀有資源,產業競局也跟著再次改變。

神經元與節點

我們通常稱神經元為一個節點(Node),是一個神經元構成的運作單元,1957 年由心理學家弗蘭克‧羅森布拉特(Frank Rosenblatt)所提出。神經元與人腦的神經細胞相同,會根據接收到的數值大小,來決定是否繼續往下傳遞訊息。

圖 7-8 神經元的內部結構所示,假設要一個模型辨識一張黑白相片中的人物性別,可以將這張相片拆解成一組像素,每個像素用數字的大小代表該像素的深或淺,每一個像素就是神經元的輸入值(Input),如圖中的 X_1、X_2、X_3 … 、X_n。而每個輸入值都會影響此模型的辨識結果,但每個像素的影響力不一樣,就像我們看一張相片,也會把焦點放在人臉的重要部分,而不會專注在相片的背景。此圖表達出每個像素對模型的

圖 7-8　**神經元的內部結構**

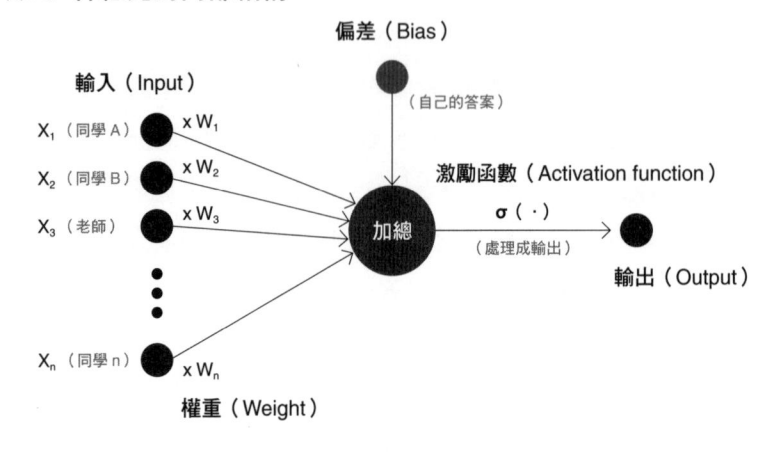

偏差（Bias）
（自己的答案）

輸入（Input）
X_1（同學 A）　x W_1
X_2（同學 B）　x W_2
X_3（老師）　x W_3
X_n（同學 n）　x W_n

加總

激勵函數（Activation function）
σ（·）
（處理成輸出）

輸出（Output）

權重（Weight）

影響力，也就是所謂的權重或稱為參數。圖 7-8 中的權重就是 W_1、W_2、W_3 ⋯ W_n。

為了讓模型能夠針對不同模型更有彈性，能辨識出不同的相片，如偏深或偏淡的相片，此時可以在計算時進行調節，將淡的變深一點，將淺的變深一點，調整數值就是所謂的偏差（Bias）。

將偏差與這一組的輸入與權重進行計算與加總後，就會獲得一個結果。然而若從數學角度看，這個結果只是數字相乘與相加，以致神經元的反應變化性不強，令整個神經網路不夠聰明，所以將加總結果再經由激勵函數（Activate Function）處

理。由於激勵函數會有很多的變化,神經網路設計者可以採用不同的激勵函數來創造神經網路的變化性,讓神經網路變得更加聰明。

經過激勵函數計算的結果,就是神經元的輸出(Output),此輸出的結果又會變成下一個神經元的輸入資料,如此參數便會不斷地傳遞下去,直到整個神經網路運算完成,並在輸出層做輸出。

激勵函數

由於神經元運算模型偏向於線性反應,缺乏變化,較難解決複雜問題,因此激勵函數扮演一個讓神經網路的反應能夠更加多樣化的角色,如此就能具備更多不同的反應,能更好地處理複雜化問題。

其實激勵函數是一個可以幫助模型處理非線性問題,或是可以讓模型處理更多元化問題的方法。從圖 7-8 可看出,許多神經元連結是透過線性加乘,電腦學習的反應單一,變化度較差,較難反應出複雜的變化。我們想像若用一條線來將一堆東西做分類,直線兩邊可以分成兩類;但若用一條曲線,則可以透過不同的轉彎將所有東西分成多類,此即激勵函數的用途。

透過激勵函數將神經元計算結果多元化,就像一個原是線

性反應的直線,轉成可以彎曲的曲線,如此就能具備更多變化的能力。建議在模型建構時,應先針對要解決問題的特性,選擇不同的激勵函數,即可用來解決不同的問題。

神經網路的運作

圖 7-9 是一個神經網路的架構,每一層都有數個神經元,且有多層的神經元互相連接形成一個神經網路。要將一個影像送入模型辨識時,要先將影像變成一組多個像素構成的集合,這就是將影像向量化。接著從輸入層送入神經網路中,**神經網路會一層層地運算,每層神經元會在運算後傳遞訊息給下一層神經元,如此層層計算,層層傳遞訊息,如此模型就會不斷傳遞訊息到下一層,最終來到輸出層,這就是神經網路的正向傳播(Forward Propagation)預測結果。**

而預測結果是希望與預期答案一致,所以訊息傳播到輸出層,也代表著對輸入資料的辨識結果,此結果若與預期答案存在我們不可接受的差異時,代表神經網路的參數尚未具備足以辨識的能力。這時利用**模型最後預測結果與預期答案的差值,從神經網路的最後一層網路開始,向前一層要求網路的神經元進行參數權重的調整,逐層調整直到最前面的輸入層。這就是神經網路的反向傳播修正參數。**

圖 7-9 **神經網路運作示意圖**

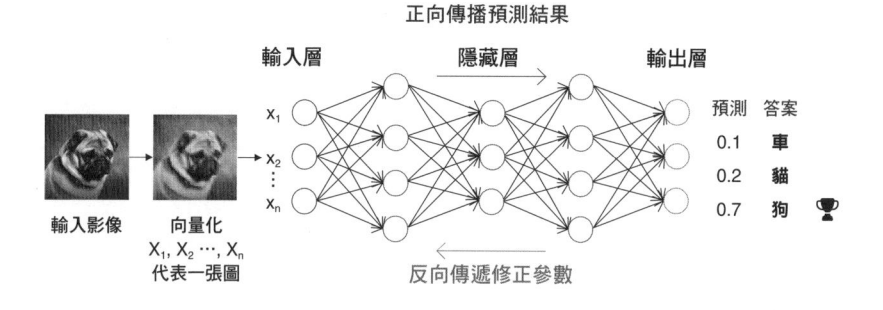

正向傳播預測結果

輸入層　　隱藏層　　輸出層

　　　　　　　　　　　預測　答案
　　　x_1　　　　　　0.1　車
　　　x_2　　　　　　0.2　貓
　　　x_n　　　　　　0.7　狗 🏆

輸入影像　向量化
　　　　 $X_1, X_2 \cdots, X_n$
　　　　 代表一張圖

反向傳遞修正參數

　　所以一個神經網路的學習過程就是一個不斷正向傳播、反向傳播的往返過程，而這往返就是在計算每個神經元的權重，直到模型最後輸出接近預期答案，也就是符合我們期待的精確度，此時整個神經網路的所有權重或參數已調整到最好數值，可以稱為神經網路學習完成，或稱神經網路訓練完成。

　　以圖 7-9 為例，根據輸入的圖片判斷，該圖片辨識為車、貓、狗的機率各為 0.1、0.2、0.7，從機率可以辨識出該圖片是狗。

　　之前提到的例子都屬於簡易架構下的類神經網路，事實上，想要模擬人腦一點也不容易，若把圖 7-10 的左半部加上更多層數，以及每層的節點數都增加後，形成右邊的四層神經網路，令權重的線多到像蜘蛛網一樣，那麼深度學習訓練將耗

圖 7-10 **簡單與複雜的類神經網路**

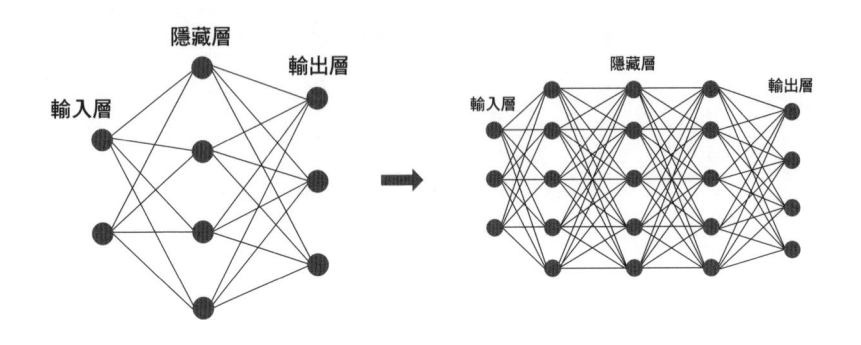

費相當長的時間。

深度學習就是透過學習權重及學習方法，配置出最佳的權重來學習人類經驗，以將經驗系統化。在 AI 2.0 的今天，更是運用深度學習的基礎，發展出學習人類智慧的方法，而將人類智慧系統化，令 AI 的影響力更深、更廣、更遠。

7-5　AI 2.0 學習思維

AI 2.0 學習思維，就是透過大型語言模型的生成技術，來創造文章、圖形、音樂，讓電腦具備創造能力。當其成為創作者，人成為審查者，AI 運用思維又將再一次的改變。

在 AI 1.0 世代，電腦學習的方式是透過人類告訴其資料與結果之間的關係來進行學習，就是「將人的經驗系統化」的思維。但進入 AI 2.0 世代，大型語言模型是「先做預訓練（Pre-Training，簡稱 PT）、後進行微調（Fine Turning，簡稱 FT）」的學習方式。

　　其實若想想人類的學習方式，兩者大同小異。我們從小就是透過讀書來學習各種知識，如同大語言模型的預訓練就是用來學習人類知識。接著我們在學習過程中，老師還會透過練習題來讓學生運用讀過的知識，提高處理事情的能力，這就是大語言模型微調的學習過程，能具備完成任務的能力。

　　人類透過這樣的學習方式來應付生活上的各種事情，大語言模型的生成式 AI 也是如此，亦即運用人類處理生活各種事物的知識與網路上的資料，來做預訓練及微調學習。預訓練的資料與期待的結果皆是透過收集來的文章或圖形後自動產生，接著再經由人類經驗進行修正以獲得接近人類的反應，這就是「將人的智慧系統化」的思維。經由上述訓練與調適完成的模型，統稱為生成式 AI，圖 7-11 就是 AI 2.0 的思維架構。

　　如何使用大語言模型這項技術？我們只要用從小與媽媽、朋友的講話方式就可以使用生成式 AI，只要**以人與人交談的對話（Prompt）方式與生成式 AI 對話**，就能幫助我們生成文

圖 7-11 **AI 2.0 學習思維**

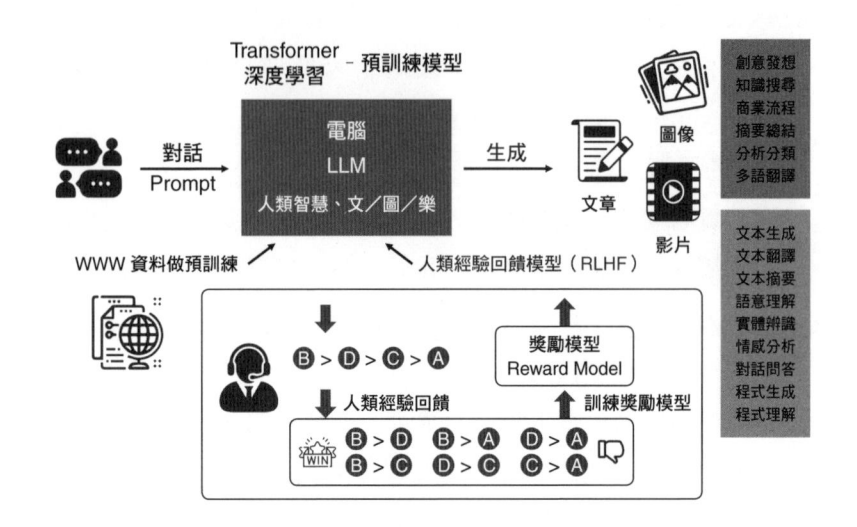

章、圖像、音樂、影片、程式等，這些內容就是 **AI 生成內容**（**AI Generated Contend，AIGC**）。我在此也提醒一個觀念，**我們要將生成式 AI 視為工作的好夥伴，把它當「人」來協作，而不要去挑戰它的能力，惟有透過愈清晰的描述，其回覆內容就會愈接近我們的期待**。

以下說明生成式 AI 的大語言模型的建立方式。圖 7-12 說明**大語言模型的訓練，分為預訓練、微調、人類經驗回饋模型等三大階段**。

預訓練

大語言模型為何能夠生成文章？就是透過讓大語言模型閱讀非常大量文章的方式，從文章中去學習字與字或字與詞的出現機率，從中了解人類寫作的字詞關係。詞是多個字的組合，詞中的字一起出現機率會與一般字一起出現的機率高，而這些經驗就會累積在一個大參數的大語言模型中。

透過非常大量文章資料的訓練，大語言模型了解各種語言中每個詞彙的機率分佈，而能掌握人類遣詞用字的使用時機，這就是大語言模型的預訓練。

這樣讓大語言模型具備人類文章的生成能力，可以透過人類給予一段文字，來逐字生成一篇文章，這文章的字詞文句，就是學會人類文章的字、詞出現機率，而能像人類一樣，遣辭用字寫出文章。

簡單而言，大語言模型其實是透過輸入的文字來觸動模型，每產生一個字後，會再預測下一個字是接那個字的機率最高，如此不斷產生，最後就形成一篇文章，這就是運用「文字接龍」的能力來生成文章。**透過預訓練可以讓大語言模型像人一般，具有知識及文字生成的能力。**

微調

　　人類在學習知識後，還需要培養一些處理各種事物的能力，大語言模型一樣也要學習這些能力，如翻譯、文章摘要、重要詞語辨識、人名辨識、情感分析等，**這就是大語言模型微調的目的。**

　　要如何訓練大語言模型具備這些能力？這同樣與人類經驗類似，我們要準備希望模型學會各種能力的問題與答案，例如要訓練中英翻譯，就必須提供大量的中文文章與翻譯結果，讓模型做學習，從中學習翻譯的方法，如圖 7-12 中所舉例的問題與答案。

人類經驗回饋模型

　　大語言模型學會人類知識、處理事務的能力後，就可以為人所用嗎？生成的文章都能如人所撰寫的品質嗎？答案是「不」。

　　大型語言模型從網路上取得大量文章，而這些文章內容雖有正確的知識，但可能也有很多酸言酸語、歧視語句、不雅文字，或是雖然正確但卻對一般人可能有害的知識，例如槍枝製造知識、不雅文章、違禁藥品使用等，這些可能涉及人類倫理與道德的準則。如何讓大語言模型能夠避開人們擔心問題，而

能提供適合的回覆呢？

這就需要加入**人類經驗回饋模型（Reinforcement Learning From Human Feedback, RLHF）**，也就是將大語言模型的回覆生成，透過人類的回饋來修正模型訓練的結果，讓其更貼近真實人類的反應，而能夠被人類所運用。

此作法就如圖 7-12 所示，透過大量詢問各種問題，讓大語言模型從一個問題生成四組答案，在人類查看答案後，將這四組答案的回覆以是否為喜歡的表達方式進行排序，排序可以拆解成六組的優劣比較資料，如圖中問題答案的四組優劣排序為 B > D > C > A，排序可以依照優劣兩兩比較，就可以列出 B > D, B > C, B > A, D > C, D > A, C > A 這六組，成為訓練獎勵模型的資料集，讓獎勵模型知道不同答案的優劣關係，而給予評分。最後再將這個獎勵模型的評分回饋給大語言模型，讓大語言模型在生成回答內容時，追求獎勵模型的評分最大化，好讓大語言模型追求更接近人類期待的答案。如此透過回饋模型的調整，讓大語言模型的回答更接近人類的反應，最終生成我們需要的回覆或答案。

這三大階段的訓練都需要大量的文本資料與人類的回饋，才能建立一個可以運用的大語言模型，但這也讓建立大語言模型的成本非常高昂，而且涉及取得文章、圖片的授權，可以說

圖 7-12 **大語言模型的訓練三階段**

預訓練 Pre-Training

訓練文字接龍能力

務

LLM

對 話 商 務 是 人 工 智

Wikipedia　網路書籍　網站資料

幾乎涵蓋網路上所有資料

學會每個詞彙的機率分布

微調 Fine Turning

學習任務處理能力

1 9 9 9 ...

LLM

縣 市 政 府 的 服 務 專 線 號 碼 …

人工標註指令資料集

幫我摘要以下文章……
請幫我翻譯並解釋以下文章……
請幫我寫一封 e-mail 關於……
對話商務有哪些主要的項目構成？

學會處理事務的能力

208　AI 2.0 時代的新商業思維

人類經驗回饋模型
Reinforcement Learning From Human Feedback，RLHF

依照人類回饋結果，建立評估模型調整大語言模型

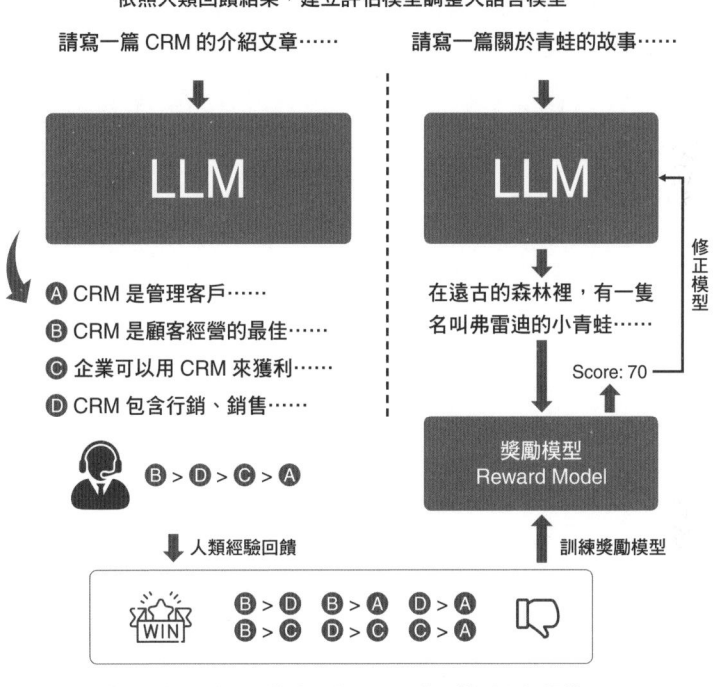

請寫一篇 CRM 的介紹文章……

LLM

- Ⓐ CRM 是管理客戶……
- Ⓑ CRM 是顧客經營的最佳……
- Ⓒ 企業可以用 CRM 來獲利……
- Ⓓ CRM 包含行銷、銷售……

Ⓑ > Ⓓ > Ⓒ > Ⓐ

⬇ 人類經驗回饋

WIN　Ⓑ > Ⓓ　Ⓑ > Ⓐ　Ⓓ > Ⓐ
　　　Ⓑ > Ⓒ　Ⓓ > Ⓒ　Ⓒ > Ⓐ　👎

請寫一篇關於青蛙的故事……

LLM

在遠古的森林裡，有一隻名叫弗雷迪的小青蛙……

Score: 70

修正模型

獎勵模型 Reward Model

⬆ 訓練獎勵模型

藉由人類經驗修正模型，讓 LLM 回答更接近人類期望

資料的不足與取得授權不易,是大語言模型發展的限制與障礙之一。所幸科技不斷創新,訓練方法不斷改進,這個發展初期的技術,在未來尚有很大的發展空間。

生成式 AI 的技術,讓資訊系統轉變成具備生成的創造能力,也改變我們對運用資訊系統的認識。科技不斷進展,再再顛覆我們的想像,唯有思維跟著改變,保持開放心態,正確認識並適當引用科技,才能讓科技真正成為我們的好夥伴。

Part 3

從 TAMAM 模型
看懂 AI 技術全貌
——非專業人士必學溝通語言

第八章

以 TAMAM 模型建立 AI 技術思維

在了解數據思維與學習思維的概念後,我們將探討 AI 技術如何解決應用問題,並將 AI 整體技術應用歸納成一個具有五個層次的模型來說明,以**理解要用何種思維來運用 AI 技術,我稱之為「AI 技術思維」**。

8-1 什麼是 TAMAM 模型

AI 究竟是一個什麼樣的技術?我們經常聽到很多專業名詞,如監督式學習、強化學習、機器學習、深度學習、分群、分類、預測、辨識等,這些技術名詞都是 AI 技術嗎?由於這

些都是一般人最常提出的問題,因此本節提出一個 AI 技術整體架構,以協助讀者更容易看懂與了解其中關係。

這個 AI 技術架構的模型就是 TAMAM 模型,可以用來展現 AI 技術的全貌,其中涵蓋五個層次,從技術的角度來看,是由下到上的技術延展,構成一個完整的技術架構,也就是:

AI 技術(Technology)→ AI 算法(Algorithm)→
AI 方法(Methodology)→ AI 能力(Ability)→
AI 應用模型(Module)

分別取每個字開頭字母組成 TAMAM。有趣的是,TAMAM 在土耳其語中,有「好」的意思,意謂著這是一個認識 AI 技術的好模型。

從應用 AI 解決需求問題的角度來看,就要用由上到下的思考方式來逐步拆解,以了解如何用 AI 技術來解題,也就是:

AI 應用模型(Module)→ AI 能力(Ability)→
AI 方法(Methodology)→ AI 算法(Algorithm)→
AI 技術(Technology)

簡單來說，就是從「要用什麼應用模型來解題」，接著「用哪個 AI 能力可以解這應用模型」，再探討「選擇哪種 AI 方法可以實現這個 AI 能力」，而「這個 AI 方法可以用哪種 AI 算法才能最有效率地解題」，最後「這個 AI 算法又是建立在哪種 AI 技術上，可以清楚如何來實現這個 AI 算法」。

學會以上的解題思維模式，即便沒有專業相關技術背景的讀者，也可以輕鬆學習與建立技術思維，培養與 AI 團隊的溝通力，就是本章所要傳遞的 AI 技術思維。

如圖 8-1 所示，TAMAM 模型是貫穿整個 AI 技術的架構，當我們要計劃一項 AI 智慧應用，可藉由各層對應的目標來思考如何進行，展開 AI 智慧應用的旅程，後續將針對各層逐一說明。

對沒有專業技術背景的讀者來說，我們建議從 AI 應用層面來認識 TAMAM 模型會比較容易。

從上往下看，「AI 應用模型（Module）」是 TAMAM 模型架構的第一層，當我們要發展 AI 智慧應用時，首先要思考的是：應用在什麼樣的場景，需要解決的問題是什麼？

AI 應用模型有三大類，分別是：電腦視覺，需要處理圖形或影像相關的問題；自然語言，需要處理文字及語言等相關問題；數據分析，需要處理大量的數據資料等問題。這三類基

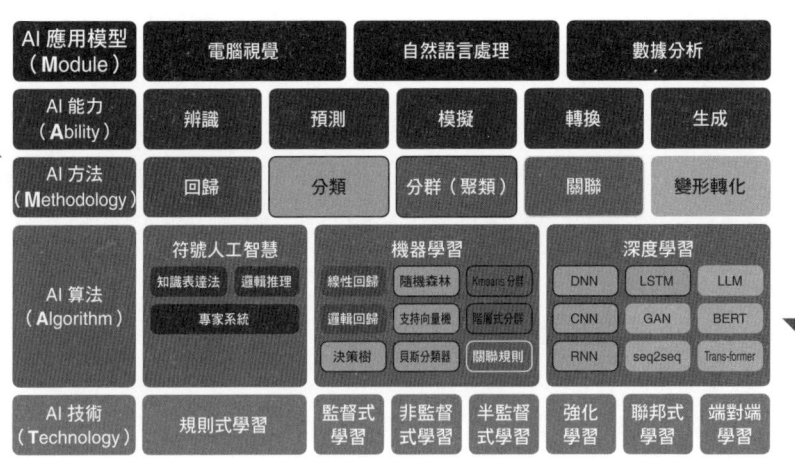

圖 8-1　AI 技術思維 -TAMAM 模型

AI 應用模型 （**M**odule）	電腦視覺		自然語言處理		數據分析	
AI 能力 （**A**bility）	辨識	預測	模擬		轉換	生成
AI 方法 （**M**ethodology）	回歸	分類	分群（聚類）		關聯	變形轉化
AI 算法 （**A**lgorithm）	符號人工智慧 知識表達法　邏輯推理 專家系統	機器學習 線性回歸　隨機森林　Kmeans 分群 邏輯回歸　支持向量機　階層式分群 決策樹　貝斯分類器　關聯規則			深度學習 DNN　LSTM　LLM CNN　GAN　BERT RNN　seq2seq　Trans-former	
AI 技術 （**T**echnology）	規則式學習	監督式學習	非監督式學習	半監督式學習	強化學習	聯邦式學習　端對端學習

（技術發展（由下而上）　應用開發（由上而下））

本上涵蓋 AI 應用的需求，且所需處理的問題，可能同時有兩類或三類需混和運用。

　　決定 AI 應用模型後再思考，要運用人工智慧的哪一項能力，這就來到 TAMAM 模型架構的「AI 能力（Ability）」層，透過 AI 的五種能力——辨識、預測、模擬、轉換、生成，來解決 AI 應用的問題。

　　接著思考該用「AI 方法（Methodology）」層的回歸、分類、分群、關聯、變形轉化的哪個方法，來建構 AI 需要的能力。而「AI 算法（Algorithm）」層則是決定使用哪種類型的

演算法,包含使用符號人工智慧、機器學習、深度學習來建立 AI 算法,以實現 AI 方法。

最後,「AI 技術(Technology)」層則是決定 AI 算法的資料處理方式,以能準備需要的資料,像是資料來源、資料特性、資料標註方式等,然後以 AI 算法進行訓練,最終得以實現 AI 方法,提供 AI 能力,用於解決 AI 的應用需求。

8-2　AI 應用模型

本章我們將以麵包店**「用看的做自動化結帳」**為案例,帶讀者層層剖析 TAMAM 模型的五個層次。想像一下,當顧客進到麵包店,把一個個麵包放到盤中,挑選完欲購買的麵包後,走到自動結帳區,在不需任何店員的協助下,透過機器自動掃描,自行計算出總金額,顧客再透過電子支付即可完成結帳,完成購買麵包流程。

首先,對於麵包店業者來說,想要讓機器能做到用「看」的方式,就能替顧客自動結帳,這就與 TAMAM 模型「AI 應用模型」層中的「電腦視覺」息息相關。現今人工智慧的應用模型,基本上可以用三大類別來說明,分別為電腦視覺、自然語言處理和數據分析。

電腦視覺

電腦視覺（Computer Vision, CV）就是讓電腦具備處理視覺任務的能力，像是圖像辨識、影像辨識、物件辨識、影像中物件分類等，其目的是完成模擬人的視覺能力，以具備各種圖形的處理能力。例如，購買物品辨識、人臉辨識、瑕疵檢測、圖形生成、自駕車等，與視覺上有所關聯的都屬於此一類別。這也是 AI 應用非常廣泛的一類。就如**「用看的做自動化結帳」**就是典型的電腦視覺的應用模型。

此處特別說明，電腦視覺與過往影像辨識的差異。過往運用機器學習方式來處理各種影像辨識的問題，有其限制與困難，這需要用人先找出影像資料的特徵，然後再採取各種方法來實現辨識的目的，但這經常會限制於特定領域的應用，很難具備通用或快速移轉到不同影像辨識任務上，以致處理能力侷限在影像辨識。

而電腦視覺技術涵蓋層面較大，以人類視覺能力為研究範圍，其可以具備辨識的「視的能力」及搭配其他技術可以做到具備反應處理的「覺的能力」應用範圍更廣。尤其運用深度學習技術，影像或圖像的特徵是由深度學習模型自動辨識，而且做複雜的影像辨識、影像物件辨識、影像分類等，不僅具備更強的辨識能力，更具備處理各種影像狀態的能力，如透過攝影

機鏡頭,除了可以在影像中辨識出有人類的「視的能力」外,還可以辨識人的肢體行為,進而再發現有跌倒的危險行為時,可以發出警示訊息或通知醫護人員,這就是「覺的能力」。

自然語言處理

自然語言處理（Natural Language Processing, NLP）主要讓電腦具備處理各種自然語言的能力, 如輿情分析、詞性辨識、重要資訊辨識、文章生成、情感分析、語言翻譯等。

要具備處理各種文字型態內容的能力,常見的應用為智能機器人、多語言翻譯、情緒分析等。過往我們要處理文字型態的非結構化資料非常困難,但自從深度學習技術來臨,自然語言處理能力大增,打開大數據中,文章資料的處理限制,大幅提升企業的非結構化數據處理能力。尤其在生成式 AI 的大語言模型被發展出來後,再度提升自然語言處理能力,相信未來自然語言處理會更加重要。

數據分析

數據分析（Data Analysis）就是對於非圖像或語言類、相對為各種數據做分析處理的一種能力。 其需具備對各種數據型態資料進行分析的能力,像是物聯網分析、行為分析、交易

分析、顧客購買分析、理財機器人等。數據分析也是較為基礎但卻重要的技術，對企業的幫助很大。

8-3　AI 能力

TAMAM 模型的「AI 能力」層，主要針對人工智慧會如何展現其協助我們應用的能力。基本上所有 **AI 的能力可歸納為辨識、預測、模擬、轉換與生成等五個能力。**

辨識

辨識（Recognition）是判斷出哪些是現實已存在的事物，這可能是文字、圖形、聲音、影像等的辨識，比較常見的例子如語音辨識、物體辨識、人臉辨識、圖像分類等。

預測

預測（Prediction）主要是根據當前和過去的資料，預先判斷未發生事物的狀態，比較常見的例子如機台保養時間預測、預測講話意圖、安全庫存的採購量、新聞台的天氣預測等。

模擬

模擬（Simulation）是做出與模仿對象類似或相同的反應，這對象可能是現實存在，或是在數位中的物體，比較常見的例子如數位孿生（Digital Twin）、數位模擬、機器人學走路等。

模擬技術運用 AI 來實現，具有非常大的力量，也展現出 AI 的模擬能力，數位孿生就是一個最明顯的例子。過往建立一個高精密生產線，經常會因為規劃不夠完善而造成投入成本大增。若運用數位孿生技術，可以在數位環境中建立與實體社會一樣的生產線，運行後，從中就能發現設計不足之處，進而在數位環境內做改善，接著用於實體環境中，依照數位孿生系統的設計細節進行建造，大幅提升生產線的效率。

轉換

轉換（Transformation）是將原本的事物，轉換成另外一種形式的事物。比較常見的幾個例子如翻譯、風格轉換（Style Transfer）、詞性標註等，其中風格轉換技術廣泛應用於藝術創作、行銷媒體生成、圖像及影像編輯圖等。

此技術的運作模式是提供一張原始影像及一張風格影像，將影像相片的內容保持其特徵，而轉換為風格影像中風格的影

圖 8-2　**AI 轉換技術**

資料來源：相片轉換風格 https://ai-art.tokyo/en/

像。圖 8-2 就是將一張相片轉換為三種不同畫風的相片，這是使用「AI Gahaku」的服務，可以上傳一張您的相片（原始影像），然後選擇不同畫風（風格影像），經過轉換就可以產生特定風格的相片。

生成

生成（Generation）是產生期待的內容與現實事物相似的內容，或是補足缺少的資訊。ChatGPT 出現後，大家對於生成技術較為熟悉，常見的例子如文章生成、影像生成、圖形生成、影像及相片修復、文章摘要、智能機器人的對話產生等，應用非常的廣泛。AI 2.0 可以透過多種方式來生成，如文生文、文生圖、圖生文、圖生圖、文生影像、影像生文等等。

目前生成技術所產生的內容可以非常真實，因此在運用層

面上也需注意假訊息等相關問題。網路上有一個不存在的人相片網站（https://thispersondoesnotexist.com/），可以生成很多相片，而且這些栩栩如生的相片都是生成的，而非真人相片，幾乎以假亂真。

最後我們延續麵包店**「用看的做自動化結帳」**案例來思考，要讓機器能夠分辨出顧客夾到盤中的每個麵包之品項名稱及數量，需要運用 AI 的哪一種能力來處理？思考的方式是：麵包是店家已經生產的產品，是存在的事物，因此用「辨識」的能力，就能辨別顧客購買的是哪幾種的麵包及數量。

8-4　AI 方法

TAMAM 模型的「AI 方法」層是要表達用什麼 AI 方法可以實現 AI 能力。**AI 的方法可以歸納為回歸、分類、分群、關聯和變形轉化等五類。**

回歸
回歸（Regression）是統計上的一個基礎技術，其目的在於觀測資料中的兩個或多個變量的關係，以找出可以代表所觀

測資料分佈的關係,具像來看,可能是空間中的一條線或更複雜的一個曲面。

例如我們若想知道一位籃球員的薪資,而籃球員的薪資結果和場均得分有關係,我們就可從籃球員的場均得分和薪資結果的資料(就是觀測資料)中找出這兩者的關係,運用回歸學習方法即可學習出一條能夠代表這個關測資料關係的回歸線,接著就能利用該回歸線,對籃球員的薪資進行預測。

如圖 7-2 場均得分與球員薪資對比圖,想知道籃球員若場均得分為 20 分時之對應薪資為多少?從圖中即可得知,以回歸線對應出來的年薪約 1,800 萬。

分類

分類(Classification)是對資料進行分門別類判斷的技術,對已經知道待處理資料的分法而進行分類的演算。如將待處理的不同顏色球進行紅球、藍球、綠球的分類,表示已經預先知道有三種顏色,也就是已知資料要分成三類,接著再進行分類運算。分類在應用上非常廣泛,大部分辨識能力可以用分類來實現,如人臉辨識、物件辨識、年齡辨識、客戶辨識等。

分群

　　分群（Clustering）是藉由資料間的特性如相似度或類似特徵，把具有類似特性的資料歸為一群，而能將觀測資料分成數個最佳的群組。分群基本上和分類的能力相似，但這是不同的能力。

　　分類是已知分法，如分幾類，所以透過標註將不同類的特性先做處理，這是一種典型的監督式學習；而分群是不知分法，沒有標註過程，單純根據資料的特性把資料分成數個性質類似的群組，這是典型運用在非監督式學習的場景中。所以可以用一句話來描述，「**已知分法用分類，不知分法用分群**」，分群最重要是要找出資料怎樣分，才會有較好的結果。

　　因為沒有一定的分群標準，難以評判其分群結果的好壞，所以分群是在找最適合的分法。例如要把一個班級的學生分成兩群，可能會依照男、女生來劃分，也可能會依照身高進行分群，雖然分出的結果截然不同，但兩種的分群結果在模型聚焦的資料特性中，都是一種分群結果。究竟要用什麼特性來分，就要視應用角度而定。

關聯

　　關聯（Association）是找到資料中關聯性高的資料項目

或相關頻繁的現象,從中發現資料的關係,來挖掘未被發現的訊息。行銷界有個廣為流傳的例子,是針對超市銷售商品所做的研究,發現啤酒和尿布的銷量有著高度相關,也就是發現買尿布的人同時也會買啤酒,於是超市就將尿布與啤酒放在相近位置,促成兩者的銷售量大幅增加,這就是一種關聯規則(Association Rule)的應用。

關聯技術的應用經常運用在賣場上,比如相同物品可能與不同物品擺放在一起以增加銷售,購物網站最常用的就是購物籃分析。此外,此應用也會用在生物資訊、網路與資訊安全、推薦系統等領域。

變形轉化

變形轉化(Transform)是將一種形式的資料變形轉化成為另外一種形式資料的方法,是一種數據處理的思維。變形轉化的方法是將一個資訊轉化成為另外一種資訊,這兩種可能會是完全不同形式的資訊。實際作法可以是以「對抗」方式做變形轉化,如生成對抗網路(GAN)將隨意的一些資料生成一張相片;或用「對話」方式做變形轉化,如大語言模型將一個問句生成一個相關的答案;或用圖形生成模型給予一段描述,而生成一段影片等。

這裡特別介紹在 AI 2.0 中最常用的方法就是「對話」，**對話是一種運用 AI 的特別方法**，有別其他 AI 方法是透過各種不同的演算法來實現，對話**是直接運用人類講話交流的方法來運用 AI**，就是以自然語言對話的方法讓 AI 幫我們做事，這就是變形轉化能力的一種展現。AI 2.0 世代以對話運用 AI 的方法，扮演著重要的角色。

對話會依照不同模型而有不同的對話技巧，但有一個共同技巧，就是在**與大語言模型對話的內容可以包含角色、描述與問題這三大部分，就能獲得較佳的回覆**。「角色」是告訴模型您希望模型是以什麼角色來回答問題，比如以企業顧問專家或是專業教授；「描述」是要讓模型對你問題的背景知識有些了解，比如希望給予公司經營上的建議，就要描述公司的背景資料；「問題」就是希望獲得回覆的具體問題。

依照這個模式與生成式 AI、大語言模型對話，如 ChatGPT、Gemini、Bing Chat、Midjourney 等服務，會較容易獲得好的回覆。

從以上了解 AI 方法有回歸、分類、分群、關聯、變形轉化這五大方法，再以麵包店自動結帳為例，要採用 AI 能力中的「辨識」來分辨麵包，應採用哪種 AI 方法，才能讓機器的「辨識」能力最有效？由於麵包店每日進貨或是生產的麵包品

項是已知的,而辨識目的是要看出買哪幾種麵包及各有幾個,既然麵包銷售的種類是固定的,問題就化成「在已知類別中要將一群麵包辨識出購買的麵包是哪幾種」,也就是「在一張相片中要辨識有幾種與每種有幾個麵包」,此時可以選擇用「分類」的方法來做,會是最有效的方法,這就是**「用分類的方法來實現辨識的能力」**的處理方式。

要注意的是,並不是一定要選擇「分類」才可以完成辨識能力,用不同方法都可以實現,只是成本與正確率是否能符合期待或目標而已。以此案例來說,選擇「分類」是最有效率的做法。

8-5 AI 算法

延續麵包店自動結帳案例,決定好要以「分類」的方法進行麵包品項的辨識,接下來要選擇哪一種算法來完成「分類」呢?

TAMAM 模型的「AI 算法」層,可以分為符號人工智慧、機器學習和深度學習,每種都有不同「分類」的演算法可以選擇,一般可以選擇深度神經網路或卷積神經網路,會有不錯的效果,以下說明這兩種算法。

符號人工智慧

符號人工智慧（Symbolic Artificial Intelligence）是最早被討論的領域，早期人工智慧的研究是以人類使用的文字與符號為主，故稱為符號人工智慧。從 1950 年代中期到 1980 年代後期，符號人工智慧是研究人工智慧的主流。約翰・豪格蘭（John Haugeland）在《人工智慧：非常的想法》中探討人工智慧研究的哲學含義，並將符號人工智慧命名為「有效的老式人工智慧」（Good Old-Fashioned Artificial Intelligence），簡稱 GOFAI。而符號人工智慧偏向於模擬人的心智，研究如何用符號來表達人的知識，模擬其知識背後的心智與推理過程。簡單來說，就是把人所定義出的規則，轉換成電腦的邏輯概念。

將人類知識用一種有規則的表現方式來表達，這就是知識表達法（Knowledge Representation & Reasoning），讓人類知識有個方式可以表達，以進行儲存及讓程式能夠處理，最後表達出人類智慧的反應。例如要將人類的語句儲存起來且可以運算，就要建立有規則的格式來表達，比如：「我要辦理蝴蝶卡」，這句話可以用「主詞 動詞 受詞」的格式來表達，這樣就可以讓電腦處理，知道要辦理的是什麼卡，這就是知識表達法。

知識能夠以格式化的方式儲存，就可以**透過規則來建立處理邏輯，然後以邏輯推理（Logical reasoning）來對符號進行處理**，這就是知識推理技術。

在符號人工智慧的技術應用中，最成功的應用就屬專家系統（Expert System），**專家系統是具有專門知識與經驗的智慧系統**。所謂的**專家系統，是一個擁有大量專業知識庫，並擁有良好的推理機制，來對知識與經驗進行推理與邏輯運算的智慧系統**。技術上採用符號人工智慧中的知識表達法和知識推理技術，來模擬通常是由人類領域專家才能解決的複雜問題。

專家系統也可以說是具備一個知識庫（Knowledge Base）及推理機（Inference Engine）的智慧系統，其中知識庫儲存特定領域內的知識事實和推理規則（Rule Base），這些知識通常是由領域專家提供，並以電腦能夠理解的形式儲存；推理機（Inference Engine）負責從知識庫中取得知識訊息，並運用規則庫之規則進行邏輯推理，而能提供對複雜問題的解答或建議。

根據維基百科歸納指出，專家系統通常具備三個要素，即領域專家級知識、模擬專家思維及達到專家級的水平。專家系統同時也廣泛應用於醫療、金融、法律等各種產業。

機器學習

以下簡單介紹常見的機器學習（Machine Learning）演算法，主要是能夠表達演算法的設計思維，能初步認識機器學習。

1. 線性回歸

線性回歸（Linear Regression）是用來預測連續數值問題，如 8-4 節介紹的就是線性回歸的例子，藉由籃球員的場均得分和薪資的分布關係，找出一個符合分布的回歸線後，就可以利用該回歸線去預測一個場均得分的籃球員的薪資落點。

2. 邏輯回歸

邏輯回歸（Logistic Regression）是一種用於二元分類問題的統計方法，如處理是或否、成功或失敗之類問題，**可以預測一個事件發生的概率**，想像使用一條直線區分出兩個類別的一種方法。邏輯回歸在最後會經過一個特殊函式，讓輸出的分布能夠更往兩端的方向，而其最後的數值代表預測的機率。

如圖 8-3 左圖所示，往中間畫一刀，一般來說以機率 0.5 來分為兩類。而圖 8-3 右圖顯示，回歸線實際上會把資料分成兩類。邏輯回歸常用於簡單的分類問題，例如判斷金融交易是

圖 8-3 **邏輯回歸**

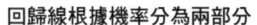

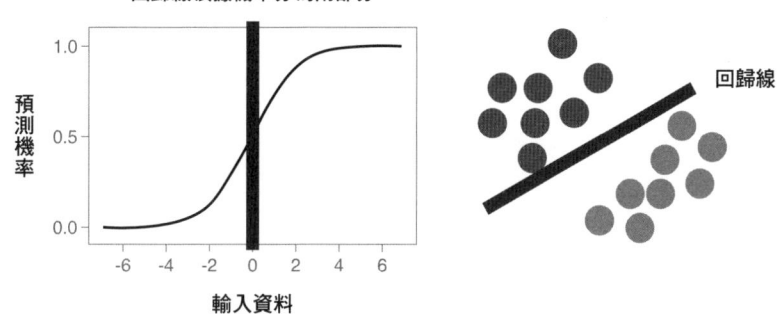

否正常與否、判斷機器是否到達維修狀態、判斷網站上消費者是否會購買等。

3. 決策樹

決策樹（Decision Tree）是利用類似樹狀的決策條件，去做分類的一種機器學習方法。決策樹是由上至下進行條件判斷而達成分類目的。如圖 8-4 所示，可以用年齡與性別將客戶進行分類，若年齡大於 30 歲或小於等於 30 歲的男性，則屬於類別 A，而年齡小於及等於 30 的女性，則屬於類別 B。

圖 8-4　**決策樹**

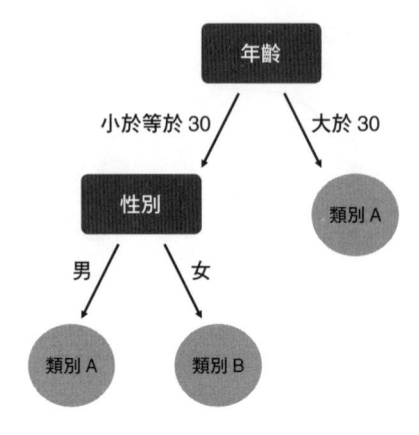

```
                    年齡
                  /      \
           小於等於30    大於30
              /            \
            性別          類別 A
           /    \
          男     女
          /      \
       類別 A   類別 B
```

4. 隨機森林

決策樹有其簡單方便的特性,易於應用,但也有其問題,若問題較複雜時,很難建立一棵決策樹就可以表達,為解決這問題,就發展出隨機森林的演算法。

隨機森林(Random Forest)是結合多棵決策樹,進行投票分類,以選擇最佳分類結果的一種機器學習方法。隨機森林會根據森林中每棵決策樹所預測的結果,每類被選擇出就進行累計,然後取最多被選擇的分類做為最後的預測結果。

5. 支持向量機

支持向量機（Support Vector Machine）是把資料投射到另個維度空間，找出一個可以區分不同類別資料的最佳決策邊界，使得邊界兩邊不同類別的資料距離間隔最大化，而邊界位於兩類資料距離之間，這是將不同類別資料進行分類的一種機器學習方法。這也是一種監督式學習的演算法。

前面介紹邏輯回歸時提到，要找到最佳的直線，把兩個類別分開，但如果要分開的資料較為複雜或混亂，原則上是沒有一條直線可以把兩個類別完全分開。這時，就可以把資料從低維度（如一個變數的一維度）投影到高維度（如兩個變數的二維度）空間中，再找一個決策邊界分開兩個類別。

透過這方法來做分類，可以做出多類別的分類，由於是透過數學模型方式計算，其效益很高。支持向量機是在深度學習提出前，被廣泛應用的分類方法，目前廣泛應用於文本分類、圖像分類、手寫辨識、股市分析等。

6. 貝氏分類器

貝氏分類器（Bayesian Classifier）是一個基於機率的監督式學習的分類器，是用以往資料的機率計算出最佳聯合機率分布，來做分類的一種機器學習方法。貝氏分類器是利用一些

已知的條件，去預測某件事情發生的機率。透過不同事件的發生機率做計算，而在推估不同事件組合時，以聯合機率方式計算，在每次分類任務時，就計算取得聯合機率最高的事件來做分類。這經常應用於垃圾郵件分類、醫學診斷、文本分類之類的任務。

7. K-means 分群

K-means 分群（K-means Clustering）是最常見的分群方法，是一種非監督式學習。將資料先分成幾個群，然後計算各群的群中心，找出資料距離群中心最近的分法，就可以得到最佳分群結果。如圖 8-5 K-Means 分群所示。將資料分為紅、藍、綠三群後，每一群資料離群中心距離最短，就可以獲得最佳分群結果。

深度學習

　　隨著硬體設備蓬勃發展，除了最早期的神經網路之外，更多層的神經網路出現，還有許多新型態的模型架構發展受到重視，持續發展出各種不同特色的模型。以下介紹常見的深度學習演算法，說明其設計思維。

圖 8-5　K-Means 分群

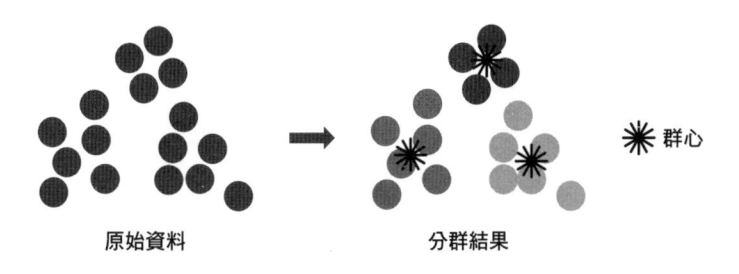

原始資料　　　分群結果　　　※ 群心

1. 深度神經網路（Deep Neural Network）

當神經網路層數大於三層時，可以稱之為深度神經網路，也稱為深度學習。藉由增加每層神經元的個數及神經元的層數，可以獲得深度與廣度的處理資料能力，使其擁有更好的學習能力。這也是一個典型的分類器。

2. 卷積神經網路（Convolutional Neural Network）

卷積神經網路是一種具有圖像特性的神經網路，適合用於圖像辨識。深度神經網路雖然受到不錯的評價，但在圖像的領域上卻遇到瓶頸，原因是輸入圖片時，會把資料拆成一個個的像素點，作為輸入進行訓練，但這樣的方式會使資料失去了圖像的特性，於是卷積神經網路就誕生了。

利用卷積層（Convolution Layer）幫助學習圖像的特徵訊

圖 8-6　**卷積神經網路**

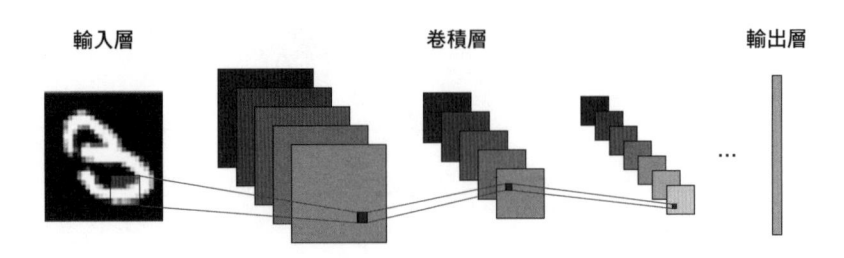

輸入層　　　　　　卷積層　　　　　　　　　　　輸出層

息,類似人類看一張圖像會先看關心的重要部分,再擴展到全部圖像,這樣的神經網路對影像辨識有很好的效果,廣泛應用於影像辨識及視訊中的影像辨識、物件檢測等,如圖 8-6 所示。

3. 循環神經網路（Recurrent Neural Network）

循環神經網路是一種具有時間特性的神經網路,適合處理有時間序列的資料。如個人健康資訊、交通流量數據、天氣數據、網站流量的記錄等,這些數據隨著紀錄時間變化。

循環神經網路的學習除了輸入的資料外,在學習過程也會將前一個神經結果一起納入計算,這樣前一層結果會影響下一層,如此層層傳遞,適合處理時間序列的資訊,如語音辨識、機器翻譯、股票價格預測、音樂生成等。如圖 8-7 循環神經網

圖 8-7 **循環神經網路**

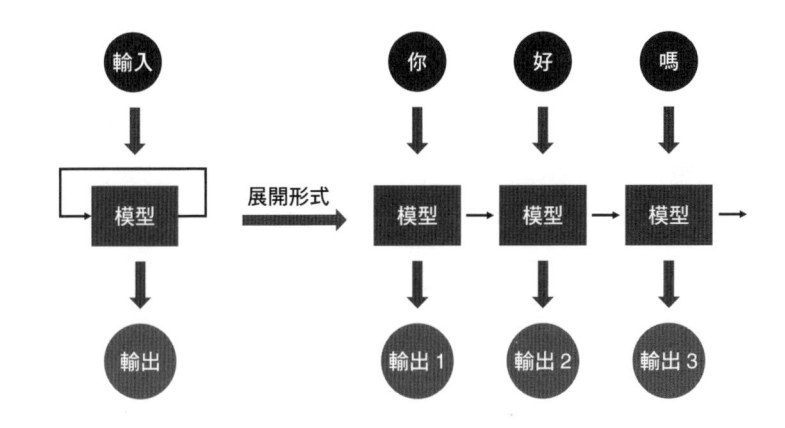

路所示的網路架構。

4. 長短期記憶模型

長短期記憶模型（Long Short-Term Memory, LSTM）是有記憶能力的一種神經網路，適合於處理和預測時間序列中間隔或延遲非常長的重要事件，可以優化循環神經網路在更長時間序列數據效果不佳問題。

循環神經網路是會承接上一層訊息繼續處理，但也因層層傳遞，其影響力會隨著時間變長，對於更早之前的數據幾乎無法影響後面的運算，造成較早之前的資訊被稀釋掉，以致效果

下降。就如希望透過血壓、心跳、血氧的數據來預測個人健康狀況,用循環神經網路可以預測一週的健康狀況,若要預測一年或數年的健康狀況則效果不佳,此時就適合採用長短期記憶模型。

長短期記憶模型運用閥門(Gate)來判斷要存取哪些資訊,從而把較重要的資訊保存起來。如圖 8-8 所示,其運作是將輸入資訊經過輸入閥門(Input Gate)來調節輸入值的大小,而上一個神經元的運算結果透過記憶值傳入,經過運算將值存入記憶,然後一邊透過輸出閥門調節輸出值的大小,一邊將記憶傳送到下一個神經元,以能持續運算。這就是 LSTM 的運作方式,透過閥門的設計,每個閥門就是模型的變化參數,讓模型具有儲存記憶的能力與變化性更強的能力。

5. 生成對抗網路

生成對抗網路(Generative Adversarial Network, GAN)是藉由一個生成器(Generator)生成假數據(如假圖片)以及一個判別器(Discriminator)判別數據的真假(如判斷真假圖片)而構成的訓練模型,讓生成器與判別器互相競爭,來進行學習的一種深度學習方法。

圖 8-8 **長短期記憶模型**

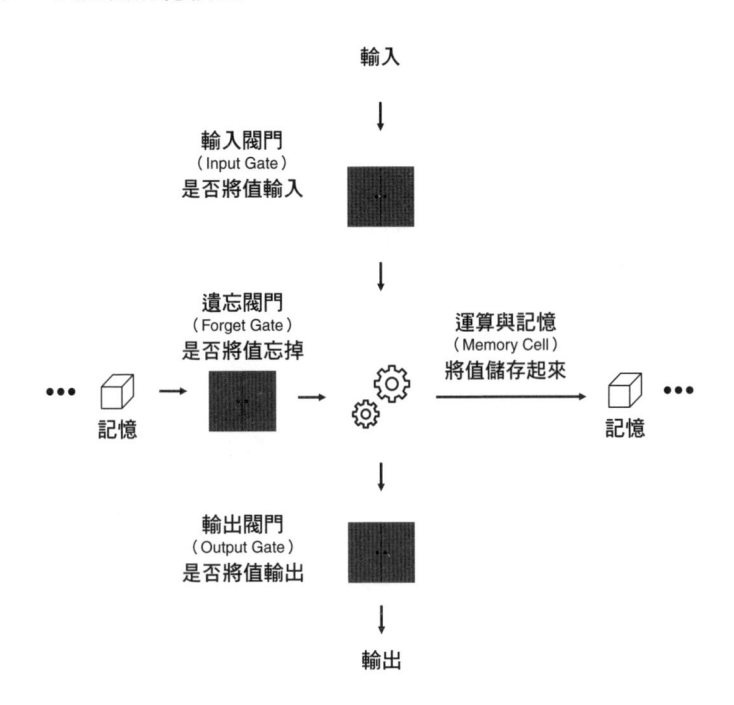

輸入

輸入閥門
（Input Gate）
是否將值輸入

遺忘閥門
（Forget Gate）
是否將值忘掉

··· 記憶 → → → 運算與記憶
（Memory Cell）
將值儲存起來 → 記憶 ···

輸出閥門
（Output Gate）
是否將值輸出

輸出

　　生成對抗網路目的在生成更多接近真實的可用數據。我們以假鈔圖形生成的運作做說明，首先生成器會根據給予的隨機數據去生成假鈔圖形，而判別器會不斷從真實的鈔票圖形和生成的假鈔圖形中判別是否為假鈔，一直到判別器無法分辨真鈔與假鈔為止。

換言之，生成器的目標，是生成擬真的圖形去騙過判別器；判別器則是要能夠判別圖形的真偽。最終若判別器沒辦法分出該圖片的真假，就代表生成器已經可以生成擬真圖片，這時可以透過生成器，生成大量的擬真圖片，以補充資料的不足。生成對抗網路經常運用於圖形合成、生成逼真的圖像、圖像風格轉換、圖像去噪、藝術創作等領域。

6. 序列對序列模型

　　序列對序列模型（Seq2Seq, Sequence-to-sequence）是指輸入為一段序列資料，透過編碼器取得輸入資料的特徵，然後經由解碼器將特徵轉化生成一段序列輸出結果的模型。

　　輸入與輸出的長度可以不同，最常見的例子是機器翻譯，將一種語文翻譯成為另一種語言；文本摘要，將長文本生成文本要義的摘要；語音辨識，將語音轉換為文字等應用，如圖8-9就是一個翻譯的例子。

7. 變形轉換器

　　變形轉換器（Transformer）模型是序列對序列模型的強化與延伸，是由多層編碼器（Encoder）和多層解碼器（Decoder）所組成，在網路結構中結合自注意力機制（Self-

圖 8-9 **序列對序列模型**

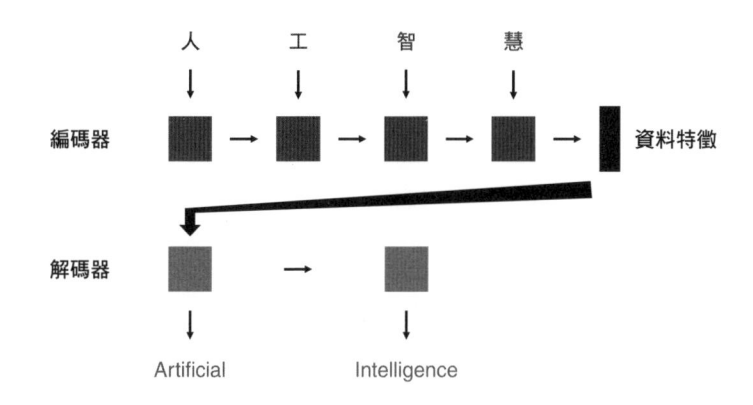

```
            人       工       智       慧
            ↓       ↓       ↓       ↓
編碼器    ■  →   ■  →   ■  →   ■  →  ▌ 資料特徵
                                        
解碼器       ■    →         ■
             ↓              ↓
          Artificial      Intelligence
```

Attention Mechanism）讓模型編碼處理序列的每個元素時，會考慮序列中其他元素的關聯性，而在解碼時也能夠專注輸出結果，讓模型能夠增強對輸入資訊的了解與產生結果的能力。

變形轉換器已經成為目前生成式 AI 各種模型的基礎模型，如 GPT、Gemini 等大語言模型。

8-6　AI 技術（Technology）

延續麵包店自動結帳案例，決定好要以哪種算法來完成分類後，最終需要思考採用哪種技術，才能完整的實踐自動結帳

流程？若以此例來看，無論麵包是橫著擺、側著擺或是交疊在盤中，機器都要能夠辨識，因此可採用「監督式學習」，透過餵給電腦不同擺放角度的麵包照片，讓系統能學習辨識麵包種類，知道麵包種類就可以知道麵包名稱及金額，如此就可以完成「用看的做自動化結帳」。

TAMAM 模型的「AI 技術」層，是探討 AI 各種算法與資料關係的技術，以理解 AI 模型是如何學習，那麼又該如何教會 AI 辨識大量數據中的特徵呢？本節將介紹幾種教會 AI 學習的方式，主要常見學習方式包括：1. 規則式學習。2. 監督式學習、半監督式學習、非監督式學習。3. 強化學習。4. 端對端學習。5. 遷移學習。6. 聯邦學習。以下分別說明。

規則式學習

在符號人工智慧及專家系統的演進過程中，發展出更多文字符號表達方法與運算推理方法，構成專家系統的知識庫、規則庫與推理機，造就知識彙整與自動推理的能力。

我們將這推理方法稱為規則式學習（Rule-based Learning），其概念就是藉由人的經驗去制定一些規則，再運用這些規則來產生電腦的運作程序，然後讓電腦藉由這些程序處理資料，產生預期的結果。

例如在信用評分中,銀行和金融機構通常會根據一些預定好的規則來評估個人或企業的信用風險,這些規則是依照過往信用評分經驗來建立,可能包括申請人的收入、教育背景、職業、資產總額、負債比例、過往信用等因素。系統在評估信用時,依照規則庫的條件檢查,如申請人的月收入低於特定閾值,或者過往有信用卡未繳記錄,就可能被評為高風險,信用評分相應降低;反之都能夠符合信用評分標準,就會給予高的信用評分。這種設計方式,目前也存在各種系統中被廣泛使用。

監督式、半監督式、非監督式學習

監督式學習(Supervised Learning)是指所有輸入的資料都會有對應結果的學習方式,對應的結果被稱作標籤或標註。 當進行訓練的資料集,每條資料都有對應的標註,就是監督式學習,也是一般最常見的學習模型。

典型的監督式學習是「分類」,如機器學習的線性回歸、邏輯回歸、決策樹、貝氏分類器、支持向量機等;深度學習的深度神經網路、卷積神經網路、循環神經網路、長短期記憶模型等,可以用監督式學習來訓練。

非監督式學習(Unsupervised Learning)是一種輸入資

料完全沒有標註的學習方式。讀者可能會有疑惑，沒有答案要怎麼訓練？那就要**由模型自己找出資料特徵進行處理，典型的非監督式學習是「分群」**。簡單來說，就是根據特性把資料分成若干群，讓每一群資料有著較相近的特性，如 K-means 分群、階層式分群等，都是非監督式學習。

半監督式學習（Semi-supervised Learning）是指輸入的資料中，只有部份擁有標註的一種學習方式。其利用擁有標籤部分的資料來學習模型，再利用剩下無標籤資料進行訓練，以進一步強化模型。比較常見的方法為：模型經過有標註的資料訓練完，再利用即時資料進行持續性優化，這種方法有時也可以獲得不錯的結果。半監督式學習應用於難以獲得標註資料的應用場景，如缺乏標註的圖形辨識與情感分析等。

強化學習

強化學習（Reinforcement Learning）是透過與動態環境不斷地互動，且盡量能獲得高獎勵值，來學習如何正確執行一項任務的模型。

強化學習的特性是環境（Environment）會隨著動作（Action）一直不斷地改變，在模型做一個動作之後，環境會根據動作來決定獎勵（Reward），模型會根據獎勵的優劣去優

化策略（Policy），以追求更高的獎勵值，再藉由觀察（Observation）當前環境，決定下一個動作（如圖 8-10）。最經典的例子是 AlphaGo 圍棋程式就是採用強化學習獲得極大成功。

自駕車也是適合運用的案例。假設要訓練自駕車，使其能夠穩妥地在路上行駛、踩油門、煞車、方向盤左右轉等等，環境是當前路上的狀態，獎勵可能會根據自駕車是否能行駛在線內、是否保持良好車距等來給定分數，模型透過這些資訊，學習出決策，再觀察下一個環境去決定下一個動作。

強化學習可以應用在非常多的情境下，舉凡無人機、人機圍棋對弈等，都可以看到其身影。大語言模型訓練過程中，人類經驗修正模型（RLHF）就是運用強化學習來建立模型的修正機制。

遷移學習

遷移學習（Transfer Learning）是把一個領域的學習成果遷移到另一個領域，使目標領域能夠在資料不足下，獲得可以接受的學習結果，而能被應用。通常應用在訓練的目標資料量不夠大，或是想要加速訓練時間等情況。藉由把已經訓練好的類似領域模型，進行目標資料的訓練。

圖 8-10 **強化學習**

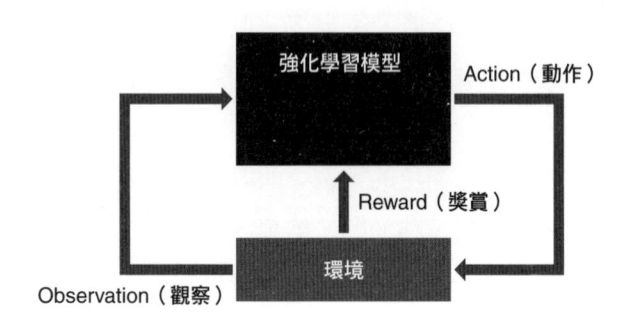

```
         ┌──────────────┐
         │  強化學習模型  │──── Action（動作）
    ┌───▶│              │────┐
    │    └──────▲───────┘    │
    │           │            │
    │      Reward（獎賞）     │
    │           │            ▼
    │    ┌──────────────┐
    └────│     環境      │◀───┘
         └──────────────┘
    Observation（觀察）
```

　　舉例來說，當我們訓練好一個用來預測客人點餐的模型，可以把它遷移到去學習客人點飲料的模型，雖然目標不同，但具有某些程度的相似性，即有可能達到輔助模型效能的作用。

　　如圖 8-11，將原先訓練在紅、藍、綠三種顏色的分類模型，遷移到同樣是顏色分類的目標領域上，因為是相似領域的關係，遷移模型的訓練時間，會比從頭開始訓練的模型還要快上許多。

聯邦學習

　　聯邦學習（Federated Learning）是藉由不斷取得各地數據訓練成果，並在中心進行訓練成果聚合（Aggregate）訓練，而建立具有全部數據特徵模型的學習方法。模型訓練需要

圖 8-11 **遷移學習**

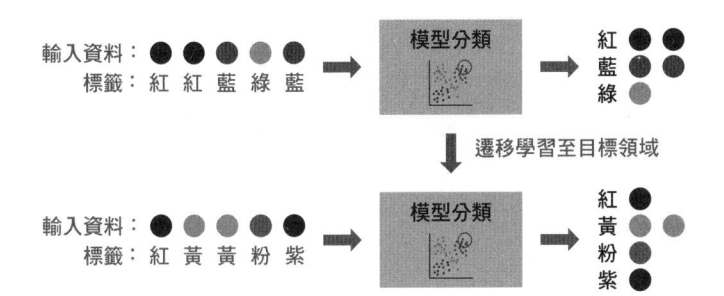

輸入資料：●●●●●
標籤：紅 紅 藍 綠 藍
→ 模型分類 →
紅 ●●
藍 ●●
綠 ●

↓ 遷移學習至目標領域

輸入資料：●●●●●
標籤：紅 黃 黃 粉 紫
→ 模型分類 →
紅 ●
黃 ●●
粉 ●
紫 ●

資料，但獲取他人資料較為困難，尤其是有隱私的資料，但聯邦學習卻能巧妙地解決這一點。

模型分為兩部分：本地端與雲端，如圖 8-12 所示。本地端會利用本地數據進行訓練，把訓練中的模型權重更新傳回雲端；雲端則是會統整各地數據進行聚合，調整出新的權重後，再送回本地端繼續訓練，如此不斷進行訓練到完成為止。

這樣的學習方法可以在保護本地數據隱私的情況下，既能做到收集所有客戶端數據進行統一訓練的效果，也能節省上傳本地數據的網路消耗，是一種創新的學習方法。

聯邦學習若用於醫療保健應用，可以讓不同醫院共享各自患者數據訓練所獲得的特徵，如此可以更好地預測疾病與制定治療計劃。在物聯網的應用方面，可以在分散的物聯網設備上

圖 8-12　**聯邦學習**

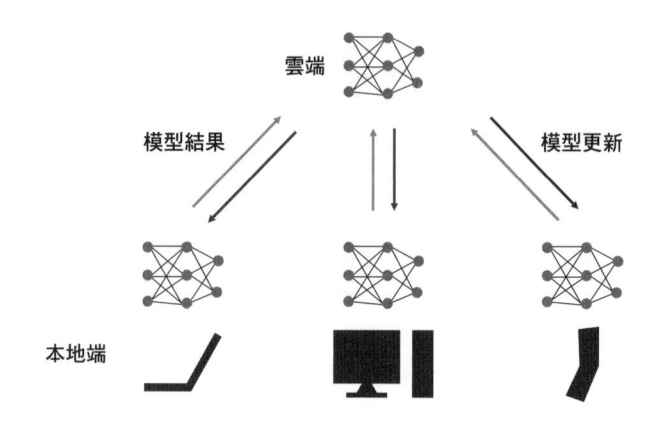

進行模型訓練然後聚合,有效進行預測維護與能源管理。在金融服務方面,透過各個銀行與金融機構共享詐欺檢測資訊,則能有效提升金融防詐能力。

端對端學習

　　端對端學習(End to End Learning)是不管過程只管結果,只需管理輸入端的原始資料,以及輸出端的結果,完全不去在乎中間過程的方法,是一種新穎的學習概念。

　　Google 當初發展此技術,就是要解決翻譯所遇到的問題。運用端對端的學習思維,將一句中文透過端對端模型直接

翻譯成英文，而不去處理該語言的語法規則，成功造就了翻譯系統。

這種學習方法逐漸發展成為 Seq2Seq、Text2Text、Transformer 等模型，也是當今生成式 AI 的基礎學習技術，奠定生成式 AI 的發展基礎。

了解 TAMAM 模型各層概念後，讀者就能更深刻地體會 **AI 的技術思維。此模型可以協助 AI 智慧應用的建立過程，從應用觀點角度切入，逐層思考如何運用最適合的 AI 應用模型、AI 能力、AI 方法、AI 算法與 AI 技術**。這也是讓非技術的產業人士可以透過 TAMAM 模型來學習 AI，學會定義產業問題，並與 AI 技術團隊溝通問題的解法，讓大家都有一個共通的溝通方式，一起成就產業。

第九章

從 TAMAM 模型看懂 AI 智慧應用

　　AI 智慧應用實際上運用到哪些領域？現在台灣 AI 應用領域有哪些智慧應用？AI 智慧應用要如何開發呢？

　　運用 TAMAM 模型架構的思維方式來發展智慧應用，稱為 **AI 應用思維**。本章將介紹台灣 AI 智慧應用的推動與應用領域，也透過實際應用案例，以 AI 應用思維來說明如何選擇 AI 技術來開發智慧應用。

9-1　台灣 AI 智慧應用領域

　　2017 年，政府為了推廣人工智慧大數據應用，推動「產

業 AI 化」及「AI 產業化」政策，由中華民國資訊軟體協會（以下簡稱中華軟協）結合產業力量，於 2017 年 11 月 16 日成立「AI 大數據智慧應用促進會」（以下簡稱 AI 促進會），為台灣制定有利於 AI 大數據產業政策及環境的建言，也協助產業轉型並發展關鍵技術，進而建立人工智慧大數據智慧應用產業鏈，配合政府產業政策推廣，以「建立產業應用示範案例」、「培育 AI 人才及產學合作」及「發展新興技術應用」為三大推動目標，推動產業創新服務。

AI 促進會成立這幾年，在 AI 發展各階段都提出推動作法，第一階段 2017～2019 年以 AI 智慧應用推動為主，提出**「服務機器人應用」、「人機協作應用」、「服務創新應用」**三個主軸。第二階段 2020～2022 年，以啟動 AI 思維，觸動數位轉型為主，提出**「推廣 AI 思維」、「發展數位應用」、「驅動數位轉型」**三大工作方向。第三階段 2023～2025 年以推動可信任 AI 為主軸，提出**「推廣可信任 AI」、「資料治理」、「AI 永續科技協助 ESG」**三大工作。

AI 促進會於 2020 年 2 月啟用「AI 智慧應用跨業交流平台」，平台透過收集台灣 AI 應用案例，實現「學習、交流、媒合」與隨時進行線上媒合會之目標，推廣 AI 智慧應用，至 2023 年底已收集台灣近 300 個智慧應用案例。

2020年為讓產業了解台灣AI廠商已具備的能力，AI促進會協助推動當時經濟部工業局（現數位發展部數位產業署）的AI服務機構技術能量登錄，提供能量登錄項目建議，讓台灣AI各領域廠商能獲政府認證，建構台灣AI生態。

　　AI服務機構技術能量登錄共分為AI核心技術能力、軟硬體整合能力、顧問服務能力、行業應用能力四大類，共有87小項供產業進行登錄。AI促進會透過統計各類的登錄情況，分析我國已登錄AI廠商的產業類型，以及有哪些領域需要發展，建構台灣AI生態地圖。

　　以下我們針對行銷、製造、農業、醫療、交通、服務、教育、安控、金融等領域，帶領讀者認識台灣各領域的AI智慧應用。欲知更多案例細節與成效，請參考「AI智慧應用跨業交流平台」。

行銷應用

　　行銷應用常見於行銷產品策略、平台推薦系統、網頁廣告推薦、圖像搜索。透過對用戶資料分析與統計，建立能夠判斷用戶喜好的模型，進而建構出個人化的推薦系統。除了大數據，近年透過擴增實境（Augmented Reality, AR）、情緒辨識等科技應用，結合通路資源，以虛實科技等消費者體驗式行

銷,建立零售業者與消費者之間的互動,強化消費體驗好感,蒐集消費者喜好等數據,提供後續附加價值與產品規劃。不但能提升服務效率與精準行銷,還能降低零售業者的行銷成本。

製造應用

工廠在進行生產時,常因設備故障帶來巨大損失,因此製造業領域必須針對生產設備進行故障原因分析、排除設備故障、設備健康狀態診斷、設備預修保養等等,像是在半導體或電子元件工廠,即可透過分析機台所產生的製程資料,建立一套專門為機台設備診斷的 AI 系統,對工廠設備進行監測、診斷與預測,一旦設備發生故障,導致生產停滯時,能夠及時處理,並在最短時間內復原,減少損失。

許多企業透過機器學習與影像辨識模型,建立產品瑕疵檢測、良率檢測系統,不但提升自動化產線效率,也大幅降低可能造成的損失。

農業應用

台灣企業也積極與農民合作,將 AI 技術導入農業生產,減少人力成本外,也提高生產效益。例如利用空拍機與 AI 物件偵測技術來管理大面積樹林,除了可以對種植面積及產量進

行推估,還能取代人工施作,由機器來噴灑有機肥料或農藥。

同時提供一套智慧農業管理系統,能遠端查詢果園、氣候等各項環境量化指標,減少巡田人力成本,掌握農田環境數據,作為耕作經營參考。

也有企業與家禽養殖產業合作,開發提高效率的養殖系統,例如透過影像識別技術,自動記錄鵝的行為數據,有效篩選出豐產的鵝群,藉此評估產蛋量,在降低飼養成本及風險的同時,也能提升產能。

醫療應用

在醫療診斷上,許多醫療技術結合 AI 的能力後,除了能協助醫師提升診斷準確率,也可以減輕醫師的工作量,協助醫師預先將有病徵的病患篩選出來。

如糖尿病視網膜病變診斷輔助 AI 系統,透過眼底圖影像輔助分析,就能檢測出病患是否因糖尿病而產生視網膜病變,提供醫師作為判斷依據,提高視力醫療照護效率。另一項例子是透過 X 光影像,經由 AI 輔助篩檢模型,分析患者是否有骨質疏鬆的風險,提供潛在風險患者提前做好預防。

除此之外,有些企業也將 AI 技術應用於提升醫療設備維護。比如利用洗腎機的數據,檢測與預測是否需做保養或維

護，避免病患使用期間發生異常。

另外，AI 技術的使用也能有效降低醫療疏失。比如將影像識別技術用於 AI 智慧藥櫃，針對每次放入和取出的藥品，進行種類、劑量及數量之確認，減少人為疏失，避免醫療糾紛。

交通應用

在交通應用方面，常見的是針對交通流量的分析與預測，包括政府規劃公共運輸系統、交通警察的指揮調度，或是計程車車隊的人力分配等。

例如透過路口影像，分析行經路口的車流、車種、人流等資訊，作為此路段紅綠燈調控的決策依據。也可透過無人機執行交通巡檢任務，藉由 AI 自動規劃飛行航線，有效紀錄一個區域的交通資訊，提供更完善的智慧交通管理應用。

另透過無人機智慧操控及影像辨識技術，執行安全檢測任務。如勘查鐵路、水庫、橋梁、快速道路或高樓層建築等，運用 AI 影像分析技術，可快速判斷觀測目標，大幅度減少人力成本。

服務應用

將 AI 應用於服務的範圍非常廣泛，最為人知的便是智能機器人，許多企業大多運用在官網或社群帳號對外溝通窗口，透過全通路智能客服系統，即時提供使用者談話、資料查詢、網路搜尋、商業資訊等服務，有效降低人工客服成本。

比如物流公司提供物流智能機器人，讓顧客在提出寄送包裹的需求時，只要提供取件地址、寄送人、收貨人等資訊，很快就完成寄件程序，之後還可隨時向智能機器人詢問包裹寄送進度，提升運程的透明度，進而主動與收件人聯繫，回報運送狀態，避免配送錯誤，提升運送的服務品質。

有些企業也會建立電話智能語音服務，提供更類似真人的服務，除了能提高顧客體驗，也能降低人員的服務壓力。比如金融業透過智能語音，讓顧客用「說」的就能取得服務，以掛失信用卡為例，只要直接說出「我的信用卡掉了」，這樣智能機器人就能夠理解其需要，然後直接提供掛失服務。

對話商務是一種重要應用，透過智能機器人與顧客的互動，過程中自動記錄顧客特徵，然後透過顧客特徵分析，以進行精準行銷、關懷、提醒等服務，成為企業數位轉型的重要幫手。

近年生成式 AI 更應用於智能機器人上，提供的服務更加

廣泛，除提供給客戶的服務體驗更加優化之外，也成為最佳員工助理。企業員工可透過員工助理隨時詢問作業規範、進行工作指導、查詢個人的餘假、報名公司活動等等，且應用有愈來愈廣泛的趨勢。

AI 還可用於企業人資的徵才面試，讓企業將過往「先篩選，再面試」的模式，改變為「先面試，再篩選」。亦即運用 AI 來做面試，可以事先針對不同職缺提供面試問答的各種題型，並且在面試過程中，結合 AI 進行情緒分析、偵測人才特質等科學方式，篩選出最適合的人才，適合大量招募的職務。

AI 也可以是企業 CSR、ESG 的助手，用於提升編製報告的效率，透過 AI 分析各種數據，幫助企業做出適合的永續商業決策，協助生成報告。根據統計，可以降低 30% 的報告編製成本，以及降低 50% 的報告編製作業時間。

此外，還可用於 AI 結合無人機，做建築物外觀檢測、營造業即時巡檢、影像標記的協助平台，或用 AI 辨識森林成長保護環境；若使用於智慧球場，亦可豐富球迷觀賽體驗，提高球迷忠誠度。

教育應用

學習時的專注力相當重要，目前已有企業將 AI 影像識別

技術，用於辨別學員上課時的專注度。透過 AI 得到學員專注力程度的資訊，除了可以在課程內容上進行調整，也能針對專注力不足的學員進行額外輔導，協助講師在線上授課時，依然能有效維持教學品質，提升學員的學習狀態。

AI 還可用於製作學習教材。學校在推廣教育或是各產業在進行人才培訓時，在開發教材的成本及時間上的負擔極大，而導入 AI 語音合成技術，透過全自動化影片生成系統，能夠即時將簡報上的文字，轉換為自然流暢、近似真人發音的語音檔，大量節省人員配音及製作數位教材的成本，讓數位教材得以普及化。

在運動方面，現在已有智慧羽球拍化身為羽球運動教練，將球員能力數據化，以更有效地進行科學化訓練。

AI 也可以用於音樂創作，使用者只要透過鍵盤輸入四小節的音樂，就可以在 30 秒內完成譜曲，即使是沒有樂理背景的使用者，也能在 AI 的協助下快速完成一首樂曲。

安控應用

在安全控管的應用上，現今許多企業或學校已透過人臉辨識來進行門禁管理，員工或訪客的到達與離開，都能通過辦公室出入口處的智能打卡機來作記錄，而每一次的進出紀錄都會

被保存下來，留下出勤紀錄。

在安全駕駛的應用上，有企業開發辨識駕駛行為的 AI 技術，透過安裝在車內的攝影機記錄駕駛影像，即時分析駕駛的行為與狀態，在駕駛出現疲勞或分心等狀態時，提出危險駕駛警示，以降低交通事故的發生機率。

AI 也用來提升電子圍籬能力，過往電子圍籬只能判斷是否有物體進入安全區域，但卻經常誤判，造成安全人員出現不必要的查檢工作。加上 AI 後，即可判斷進入或接近安全區域物件的行為，如出現肢體衝突、可疑徘徊、遊蕩、翻牆、尾隨、進入等各種安控疑慮，系統都能馬上發出警告。

在製造業工廠、工地或是特定區域內，運用 AI 裝備進行自動檢測，可以識別員工、包商或訪客的身份，以及是否穿戴完整的防護裝備，不只提升安全性，也節省近 40% 檢測工安裝備的人力。

現今資安應用 AI 功能的領域也愈來愈多，透過人工智慧技術可以自動分析受攻擊的案情，協助資安團隊快速找出潛伏的威脅，自動產生駭客入侵時序圖、攻擊脈絡及視覺化圖表，大量減少團隊在處理資安事件上的人力及時間，並豐富化威脅分析報告，提升企業資安應變效率。在資安領域，AI 還可被用在企業文件的傳遞過程，辨識企業文件，避免機密外洩。

金融應用

在金融市場上，AI 技術經常被應用在投資理財分析與決策，透過市場上的數據與財經消息，整理出最佳化的投資標的，提供投資人進行理財決策。

例如理財新聞評價機器人，以聊天機器人的型式，提供投資者評估投資新聞內容的可信度。透過自然語言處理、語意分析，剖析新聞內容，包括媒體來源、關聯金融商品標的、多空看法、對應投資期程，來回測試該篇新聞內容的預測是否準確。對於日後使用者在閱讀理財新聞時，可以透過過往的評價準確度，決定該機構資訊的參考價值。

金融相關產業為政府高度管理的特許行業，政府制定許多法令用以規範金融業的各種行為，每當政府修正法令時，金融單位的內部作業辦法與規範也需跟著調整。若此時企業在法令遵循管理系統導入 AI 技術，當有政府法令調整或函文、辦法變動時，系統即能提供內部作業辦法所需的調整建議，並提供法遵電子化流程作業。根據統計，以 AI 協助進行數位化管理，可減少案件派發作業時間約 60%，系統每日產出效率提升 80%。

了解以上智慧應用案例，接下來我們以 TAMAM 模型的電腦視覺、自然語言處理、數據分析三種應用模型，透過案例

來分析 TAMAM 的應用方式。

9-2　AI 數據分析：讓電腦幫忙抓脈絡

如何使用 TAMAM 模型來做數據分析應用？以下用交通流量預測與音樂推薦系統實例來說明之。

交通流量預測

這裡所指的交通流量預測，是指預測未來的一個時間點，在某條路段行駛所需的時間。如要預測未來三個小時，開車從圓山交流道到新竹系統交流道需要多久時間，此時我們需要該路段的每個時間點的行車速度，這是主要的訓練資料。另外還要加入其他相關數據資料，如考慮到天氣也會影響交通流量，可以將氣溫、雨量、風速等氣象資料納入 AI 所學習的範圍內。

利用這些資料，我們便可以訓練出一個交通流量預測模型，只需要輸入過去此路段上的交通資料，就可以預測好幾個小時後行車需要的時間，進而決定是否更改路線或出發時間，以避過交通壅塞。

這是一個適合**數據分析模型**的案例，而要運用 AI 的哪個能力來完成需要的開車時間？這是預期「未發生的事」，可以

採用「**預測**」能力來做。然而「預測」是藉由過往資料建立模型來預期未來的可能結果,我們的目標是去預測未來在某條路段所需的行駛時間,這是屬於數值型的結果,實務上建構模型的目的是找出一條函數曲線,那麼要用哪個 AI 方法來實現此預測模型呢?此時可以使用 AI 方法中的「回歸」來實現。

交通狀況是隨著時間在進行變化,所以交通資料與時間有關,簡單來說,這是一個要處理具有時間序列特性的資料,而哪種演算法適合處理時間序列資料呢?此時可以使用深度學習中的「LSTM」演算法來進行計算,在模型使用時,就可以將過去一個小時及一週同時段的交通資料輸入模型,以學習過往交通狀況的經驗來進行預測分類,預期可能行車時間。由於這些訓練資料都是已經標籤過的,使用的 AI 技術就是最常見的「監督式學習」。

> **交通流量預測 TAMAM 模型**
> 應用:數據分析→能力:預測→方法:回歸→算法:LSTM→技術:監督式學習

音樂推薦系統

隨著音樂平台崛起,良好的音樂推薦系統已成為平台不可或缺的一環,透過使用紀錄,能夠分析且了解使用者習慣,並

推薦其喜歡的音樂。但對於新進使用者,系統內部並沒有使用者過往的紀錄,此時該如何處理?我們可以藉由使用者提供的基本資料,去尋找過往類似該使用者的關聯性,藉此推測出新使用者對不同音樂的喜好程度與喜好的音樂種類,就是透過 AI 的「預測」能力。

為達成推薦的目的,選擇使用 AI 方法中的「關聯」來建立關聯性,而以「關聯規則」的算法建立模型。以圖 9-1 為例,這是一個簡化版的使用者音樂喜好表,表中每個位置表示每位使用者對不同音樂的喜好程度。笑臉表示該使用者給予過該音樂類型喜歡的評價;哭臉則代表使用者不喜歡這類型的音樂;問號代表使用者並沒有對該音樂做過任何評價或沒有使用紀錄。

在實際應用上,使用者往往不會聆聽所有類型的音樂,更不會在每首音樂底下留下自己的評價,因此造成使用者喜好表中有許多未知的問號,以致大幅度降低平台推薦系統的準確率。而透過使用者關聯性,系統即可簡單地進行推測。

以推測圖中使用者 E 對嘻哈類型音樂的喜好為例,我們可以觀察到,使用者 B 和 E 都喜歡搖滾樂和不喜歡爵士樂,而使用者 C 和 E 都喜歡抒情樂和搖滾樂。使用者 B、C、E 分別對兩種音樂類型給予相同的評價,因此我們可以推斷,使用

圖 9-1 **使用者音樂喜好表**

	抒情	搖滾	嘻哈	爵士
使用者 A	☺	☹	☺	☺
使用者 B	?	☺	☹	☹
使用者 C	☺	☺	☹	?
使用者 D	☹	?	☺	?
使用者 E	☺	☺	?	☹

者 B、C、E 有相似的品味。

此時 AI 就會預測，使用者 B、C、E 對於嘻哈音樂的喜好是相同的，因此得出「使用者 E 不喜歡嘻哈樂的結論」，以關聯性得出的預測結果，通常會有不錯的效果。由於訓練資料都是已經標籤過的，使用的 AI 技術就是「監督式學習」。

音樂推薦系統 TAMAM 模型
應用：數據分析→**能力**：預測→**方法**：關聯→**算法**：關聯規則→**技術**：監督式學習

9-3 AI 自然語言處理：讓電腦幫忙閱讀

接下來介紹 AI 應用模型層為「自然語言處理」的應用。現今社群網路及媒體輿論風向影響著社會，利用自然語言處理技術，將網路上的留言、論壇分享進行分析，可以辨識出每則留言背後的情緒狀態與想表達的內容，這就是輿情分析，可以分析事件或社會議題在社會獲得的反應與評價。

網路論壇留言之情緒辨識

要區分出網路或論壇留言中，哪些是屬於正面、負面或中性留言，要建立分析這些留言情緒能力的模型，此時可以運用 AI 能力中的「辨識」能力來建立。要將留言區分為正面、負面、中性這三類，可以使用 AI 方法中的「分類」。當模型讀進每一則留言時，就會得出這則留言是屬於「負面」或「正面」的結果。

不過，我們首先談談這些網路留言或輿情如何取得，能夠用以訓練模型，這是資料的準備與整理工作，此時可使用「網路爬蟲程式（web crawler）」技術來達成。

這是一種自動瀏覽網頁且能獲取瀏覽內容的機器人程式，可以收集大量網路頁面的留言與資訊，這在自然語言研究領域

是很常見的技術，無論是網頁、論壇、Facebook、PTT等社群平台內容，皆可以透過爬蟲程式來收集。

先前提到，不論是機器學習還是深度學習模型，需要輸入的資料是數值，因此文字進入模型之前，必須將文字轉換成向量，向量就是數字的組合，就像三度空間的座標由三個數字組成，那就是一個向量，而一個向量可以表示一個字或是一個詞，如此就可以將文字轉換成數字。欲轉換要分析的文字，有許多細節需要考量，比如如何判斷一句話、如何處理標點符號？中文句子是連在一起的，如何才能斷詞斷字出有意義的詞或字？這些問題必須解決之後，才能進行向量轉換。

我們在取得留言後，必須對留言資料進行標註情緒狀況，這裡介紹一個簡單的計算方式，就是透過已建立的「情緒詞彙詞庫」，將一篇留言進行斷詞後取出情緒詞彙，以情緒詞彙詞庫的詞彙類別給予情緒分數，然後計算一句話裡所含情緒詞彙的綜合分數，再將每一句留言的綜合分數整合成一個情緒結果，這就是該留言標註的情緒結果。如此就可以將留言轉換為向量，分析出留言的情緒結果，再匯入機器學習或深度學習模型進行訓練，最後得出留言情緒辨識模型。

再來要決定的是，要使用哪種AI算法來建立分類模型，我們可以使用機器學習中的「支持向量機」和深度學習中的

「深度神經網路」，兩者都可以達成分類的效果，主要依照您希望達到的正確率及收集數據的多寡來決定採用那個模型。這裡建議可以採用機器學習的「支持向量機」，因為分類的類別有限，訓練資料也是較有限的內容，而採用機器學習在經濟上較為實惠，可以降低建置成本。

從以上說明得知，將收集的留言資料逐篇做標註並當成訓練資料，所以 AI 技術是採用「監督式學習」來做訓練。透過上述的流程及模型訓練，可以建立一套收集網路留言，且能立即辨識留言情緒的輿情系統。

> 網路論壇留言情緒辨識 TAMAM 模型
> 應用：自然語言處理→能力：辨識→方法：分類→算法：支持向量機或深度神經網路→技術：監督式學習

透過社群資料進行新話題預測

隨著社群媒體的蓬勃發展，消費者開始習慣在網路平台上留下產品評論，透過這些網路平台上的文章及留言，可以收集並分析，預測未來哪些產品有機會受到大眾的喜愛。精準的預測將可以協助產品生產者，提早佈局生產規劃。

以電影市場應用為例，目的是要「預測」未來的某個時

段,哪些電影會成為熱門話題,也就是要「預測」哪些「主題」的電影會受到觀眾喜愛。這套系統會收集網路上電影的相關文章來分析。

這是典型「自然語言處理」應用模型,但因為也會同時用到許多數據統計分析,也可以說是混和採用「數據分析」應用模型。這裡也強調一下,在 **AI 技術的 TAMAM 模型中,雖然是將 AI 應用模型分為三類,但實際在應用時,各類模型仍可依照需求混和使用。**

上面案例是要預期未來某時間的觀眾會喜愛的電影主題,所以要用 AI 能力中的「預測」能力。至於要用哪個 AI 方法來預測受歡迎的電影主題,首先在觀眾分享或發表其意見的電影相關網路論壇,找出論壇的討論「主題」,就可以此當成未來拍電影的主題參考。而此分析方法可以用「分類」達成,就是我們先預期電影的類別,然後用論壇所談論的內容來進行預期類別的「分類」工作,透過分類結果即可得知電影拍攝哪一類的主題會較受歡迎。

詳細作法是,從網路論壇「Reddit」和「PTT」論壇中,用爬蟲程式來收集和電影的相關發文,並對其進行處理與標註,以做為訓練模型使用。然後針對每部電影的主題去分析每一項特徵,如發行者特性、劇情、演員、競爭對手、評價特

徵，以及討論這些特徵相關文章出現的頻率、文章長度、文章推文數、正負評統計資料。這些電影主題特徵產生的過程，可以運用「符號人工智慧」的「專家系統」規則庫來對特定領域進行理解，以轉換資料成為可以用來訓練的資料。

這裡特別說明，在建構 TAMAM 模型時，是要讓 AI 技術應用能夠清楚表達，所以將 AI 算法、AI 技術分類列出。但這**不代表建構一個模型或一個系統只能用某個 AI 算法或某個 AI 技術，而是可以用各種 AI 算法與 AI 技術來混和運用，以建構一個可以滿足需求的系統，所以企業也經常運用多種技術與多個模型來完成一個 AI 智慧應用系統**。

最後，要用分類來完成對電影主題的預測工作，要用哪個 AI 算法來達成呢？由於我們對電影主題有明確定義的特徵，因此可運用「隨機森林」來做分類。這裡的訓練資料，是有預作整理與標籤，因此是使用「監督式學習」來做訓練。訓練完成的模型在實際使用時，可以透過收集新的電影相關網路社群文章，來預測未來哪些主題會成為新話題。

透過社群資料進行新話題預測 TAMAM 模型
應用：自然語言處理→**能力**：預測→**方法**：分類→**算法**：隨機森林網路→**技術**：監督式學習

9-4　AI 電腦視覺：讓電腦幫我們看世界

電腦視覺是目前 AI 應用最廣泛的一個領域，深度學習為電腦帶來影像辨識的突破。

一個實體影像能拆解成為一組由像素組成的向量，每個像素以數字表達顯示顏色，這樣影像能夠以解析度與顏色的賦與方式，變成一個能夠代表實際影像的向量，再結合深度學習的自動化特徵能力，即能有效率地來處理影像。

皮膚腫瘤診斷

台灣現有的 AI 應用中，有許多解決醫療問題的相關案例，其中相當熱門的就是醫療影像的研究。以下簡單介紹，如何建立一個透過皮膚照片就能判斷皮膚腫瘤的診斷模型。

由於是透過皮膚的表面影像，所以採用 TAMAM 中的「電腦視覺」應用模型，系統目的是要判斷影像中是那種類型的皮膚腫瘤。

由於皮膚病症是已知的病症，可運用 AI 能力的「辨識」來達成。我們在設計系統時，已經預設需要具備幾種腫瘤的判斷能力，以滿足使用者需求。而每一種腫瘤就是一類病症，所以這是已經知道要分幾類，因此可採用 AI 方法中的「分類」

方法,來達到「辨識」病人罹患腫瘤類型的目的。

近幾年在處理影像時,最常使用的便是深度學習中的「卷積神經網絡」模型,學習出影像中的特徵,可以預測出是屬於哪種腫瘤病症。此模型需要收集足夠數量的各種腫瘤相片,然後標註腫瘤類別,來訓練 CNN 分類模型。這是 AI 技術中的「監督式學習」。

> **皮膚腫瘤診斷 TAMAM 模型**
> 應用:電腦視覺→**能力**:辨識→**方法**:分類→**算法**:卷積神經網路→**技術**:監督式學習

人臉生成技術

現有的深度學習模型,除了有強大的影像辨識能力外,在電腦視覺領域的影像「生成」與「轉換」的技術上也有顯著的提升。以下將介紹幾個案例來說明,此處就不在 TAMAM 上每一層技術做說明,而是直接列出其做法。

最常見的例子便是近幾年常見的「Deepfake」技術,將不同人的臉合成在影像或影片上。此外在影視與娛樂產業,也常使用這項 AI 技術,不論是電影中使用的特效,又或是智慧型手機中的換臉 App,都可以發現這項技術的發展日益成熟。

這些人臉生成相關的技術，常以自編碼機或是生成對抗網路的 AI 算法來達成。而我們可以根據「生成」或「轉換」方式分成不同類型。

1. 人臉合成（Entire Face Synthesis）

在 8-5 節提到，生成對抗網路內部的其中一個架構是生成器，其目標是生成擬真的圖片來騙過判別器，因此當我們使用許多人臉的影像來訓練生成對抗網路時，便可以產生一個能夠自行生成人臉的生成器。此技術有助於電子遊戲或是三維模型產業的發展。

然而，同樣的技術也可能被作為非法用途，例如生成不雅相片或在社群媒體上建立假帳號。人臉生成器是用 AI 能力中的「生成」，AI 方法的「變形轉化」，AI 算法的「生成式對抗網路」，AI 技術的「非監督式學習」來完成。

2. 身分置換

而另一項「身分置換」（Identity Swap），此技術和前述的人臉合成略為不同，其目的是將任意含有臉部的影像或影片，置換成目標人物的人臉。此類型的技術就包含前面所提及的「Deepfake」，常見於影視產業，如電影製作中的演員與替身

之特效。這與人臉生成器一樣是用 AI 能力中的「生成」，AI 方法的「變形轉化」，AI 算法的「生成式對抗網路」，AI 技術的「非監督式學習」來建立模型。

> **人臉生成器及身分置換 TAMAM 模型**
> **應用**：電腦視覺→**能力**：生成→**方法**：變形轉化→**算法**：生成對抗網路→**技術**：非監督式學習

3. 屬性轉換

「屬性轉換」（Attribute Manipulation）則是透過輸入來自兩個不同領域的影像，將影像從一個領域轉換至另一個領域，此技術在許多 FaceApp 上被使用，如改變人的髮色、性別、年齡等。這也包含影像風格上的轉換，如將寫實的影像轉換成繪畫風格，如圖 9-2 所示。

這是採用 AI 能力中的「轉換」，AI 方法的「變形轉化」，AI 算法的「卷積神經網路」，AI 技術的「非監督式學習」，來實現圖形的風格轉換。

圖 9-2 **影像屬性轉換範例**

資料來源：相片轉換風格 https://ai-art.tokyo/en/

> **屬性轉換 TAMAM 模型（1）**
> 應用：電腦視覺→**能力**：轉換→**方法**：變形轉化→**算法**：卷積神經網路→**技術**：非監督式學習

　　另外一種作法可以用 AI 能力中的「生成」，AI 方法的「變形轉化」，AI 算法的「生成對抗網路」，AI 技術的「非監督式學習」，一樣可以實現風格轉換的目的。至於實務開發上，則端看需求、資料備妥、正確性要求等，來選擇最適合的做法。

> **屬性轉換 TAMAM 模型（2）**
> 應用：電腦視覺→**能力**：生成→**方法**：變形轉化→**算法**：生成對抗網路→**技術**：非監督式學習

以上介紹屬性轉換的兩種做法，其 AI 方法都是變形轉化，但採用卷積神經網路及生成對抗網路兩種不同 AI 算法來實現，而這兩種算法都是以輸入資料的轉換來影響模型學習。從輸入資料來看，好像也是監督式學習的標註，但這跟監督式學習有些不一樣，這是模型自行取用輸入資料特徵來學習，所以也稱自監督式學習（Self-Supervised Learning），一般此學習方法也歸為非監督式學習。

9-5　智力隨你用─電腦助你生成所需

生成式 AI 的應用場域不斷擴大，本節將專門探討生成式 AI 的應用，並用 TAMAM 模型來解析。

生成式 AI 經常被提及的應用場域就是客戶服務及知識管理。許多企業也開始將生成式 AI 結合智能客服，對內幫助智能機器人的維運、知識庫的優化，以提升生產力，成為最佳員工助力；對外則是增強智能客服能力，強化客戶服務，提升顧客體驗。

以智能機器人的維運來說，最常見的例子是訓練智能機器人，在接收來自客戶的問題時，有能力回覆答案。以往語意工程師必須針對特定文章進行重點拆解與產生語料，也就是將資

料轉換為多組問題與答案,且所有問答內容皆需倚賴工程師自行發想,並餵給智能機器人以進行問答訓練。

生成式 AI 之三大賦能

現在透過生成式 AI,能夠自動將重點段落拆解為問題和各種不同問法,幫助工程師整理問答知識,自動生成解答內容,甚至產生機器人訓練所需要的關鍵詞及同義詞,最後再由工程師進行審核,以確保正確性即可,大大降低訓練聊天機器人所需花費的人力成本與時間。

生成式 AI 也能夠與知識管理系統結合,幫助企業達成知識庫優化。像是愈來愈多企業開始採用「對話式知識管理系統」,幫助真人客服能更快速的查找知識內容,以精準回應顧客的需求與疑問。儘管大部分的客服人員已受過完整的工作訓練,但有時仍須查找知識管理系統中的內容,才能正確回答客戶的各種問題。

如圖 9-3 所示,這種結合生成式 AI 的新型「對話式知識管理系統」,讓客服人員可以大幅省下自行查找與彙整知識的時間,只要在對話框中輸入問題,生成式 AI 就能自動抓取與問題相關的知識內容及資料來源,甚至更進一步預測客戶接下來可能會提出的問題,提前向客服人員提供相關資訊。

圖 9-3　**對話式知識管理系統**

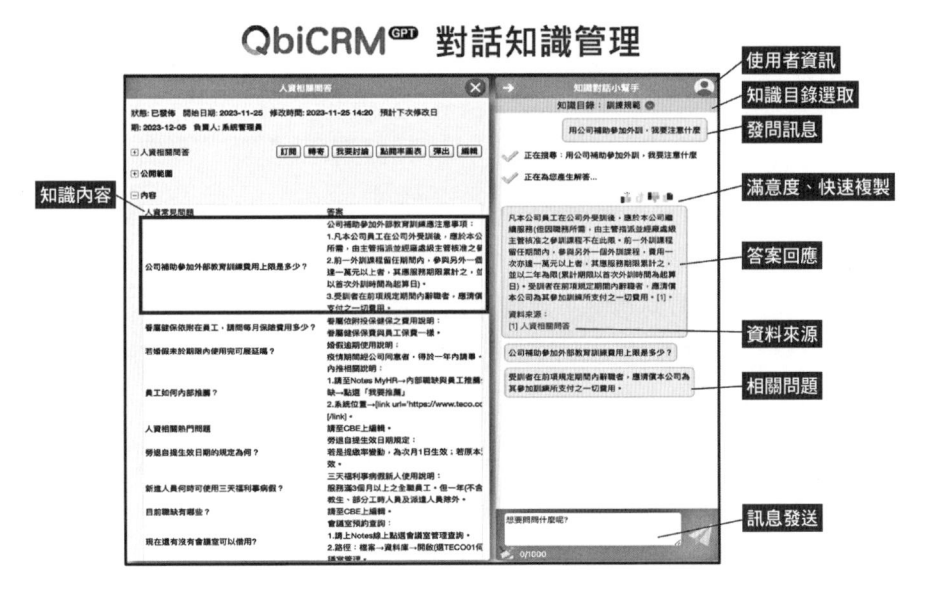

第九章　從 TAMAM 模型看懂 AI 智慧應用

圖 9-4　**生成式 AI 為企業找出新商機**

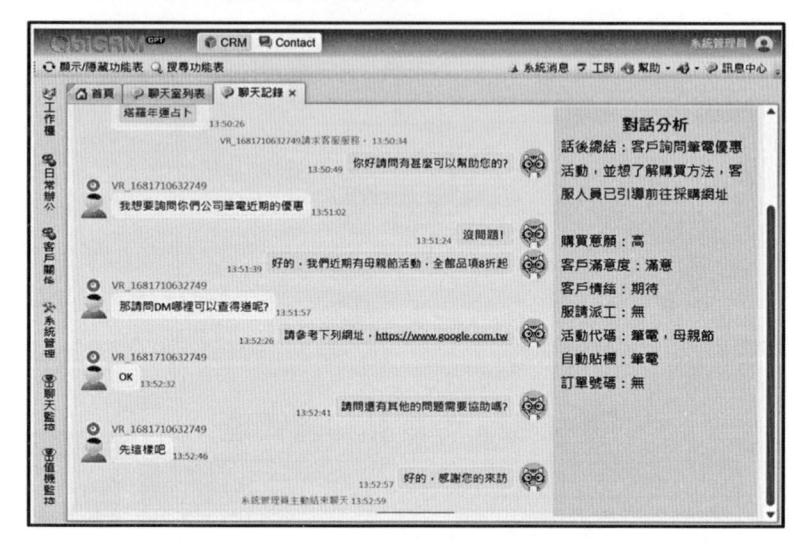

另外，生成式 AI 還能辨識與分析「長敘述」提問，解析客戶的主要詢問意圖，無論是語音或文字客服對話內容，生成式 AI 還能代替真人客服，完成客戶問題種類紀錄、通話簡述摘要等事項。

如圖 9-4 所示，客戶詢問筆電相關優惠方案，當客服對話結束，生成式 AI 會將內容進行重點摘要與歸納，自動執行話後總結，並分析出顧客的購買意願、顧客滿意度和情緒分析，

為企業找出新商機,運用生成式 AI 建立一個對話分析的服務。

上面所提三個應用,從生成式 AI 賦能的智能機器人、對話式知識管理及對話分析助理,這些應用都體現了大語言模型的生成式 AI 能力,以「AI 是生產者,人是審核者」的角度來運用生成式 AI。

從 TAMAM 模型來看這是「自然語言處理」的應用模型,採用 AI 能力中的「生成」來提供服務,並用「變形轉化」的 AI 方法來做,AI 算法是「深度學習」的「大語言模型」,而大語言模型是個綜合模型,在 7-5 節有介紹,其是運用「變形轉換器」為基礎,並融入「強化學習」的 AI 技術及「深度神經網路」的 AI 算法來做人類經驗修正,而變形轉換器就是以「端對端學習」的 AI 技術及「序列對序列模型」的 AI 算法來實現。

> **大語言模型應用的 TAMAM 模型**
> **應用**:自然語言處理→**能力**:生成→**方法**:變形轉化→**算法**:深度神經網路、Seq2Seq、變形轉換器、大語言模型→**技術**:端對端學習、強化學習

Part 4

建立可信任的 AI 治理
——不被 AI 反噬，
找到自己位置

第十章

導入 AI 工程必備的 AI 管理思維

　　AI 發展雖然為企業帶來多項優勢，但實際上也延伸許多問題待解決。隨著企業 AI 智慧應用愈來愈多，也產生很多管理問題，不同單位都需要 AI，但要如何統籌 AI 資源？應用愈多愈複雜，要如何部署才能發揮最大效能？資料來源數量只會愈來愈多，如何管理才會有效？AI 模型隨著應用持續發展，如何才能讓模型持續發展？以上這些問題，都需透過建構「AI 管理思維」來提供解決建議，才能讓 AI 智慧應用落地與深化於企業。

　　當企業發展 AI 智慧應用，漸漸從單一部門擴大至多部門，從單一專案到多項專案，在追求 AI 智慧應用成效的過程

中，如何同時有效進行 AI 智慧應用管理，使 AI 智慧應用發揮最大功效，並能遵守 AI 治理的規範，這就是 AI 管理思維。讓 AI 成為永續科技與福祉科技，這是極為重要的關鍵。

AI 管理思維可以用「AI 工程」的架構來體現，「AI 工程」是 Gartner 在 2021 年十大科技趨勢的一項科技趨勢，實務上我們再加入「資料治理」、「AI 專案生命週期」及「成效評估」的看法與實務做法，形成一個完整管理思維。本章將介紹「AI 工程」的三階段，再進一步談及「資料治理」制度，最後深入探討「AI 專案生命週期」及「成效評估」，以對 AI 工程有更完整的實務性做法。

10-1　AI 工程—AI 實現的工程方法

美國科技顧問公司 Gartner，在 2021 及 2022 年的科技趨勢報告都提到 AI 工程，這是對 AI 應用進行發展的一門新學科，利用整合的資料營運（Data Operations，簡稱 DataOps）、模型營運（Model Operations，簡稱 ModelOps）及開發維運（Development Operations，簡稱 DevOps），來發展 AI 智慧應用，提供更高的商業價值。Gartner 預測到了 2025 年，落實 AI 工程的企業從 AI 工程中產生的價值，至少是未建立 AI 工

程企業的三倍。由此可知，在 AI 蓬勃發展的現代，需要運用 AI 工程來讓 AI 智慧應用落地生根於企業，並提升公司產能，不但對整體產業相當重要，未來也是一個必然的趨勢。

DevOps

在介紹 AI 工程三階段之前，我們先解釋何謂 DevOps（Development Operations）。過往開發（Development, Dev）與維運（Operation, Ops）是分開的兩道程序，組織經常將這兩種角色設立在不同部門，造成雙方溝通上的障礙。開發強調運用軟體工程方法，做出有品質的產品，而維運則是要讓系統持續穩健運行。

這看似正確的分工，但在實務上，這兩大階段卻會互相影響，處理維運系統時，若遇到產品本身設計有問題，需要找開發人員來修正。然而，開發人員若不了解營運環境與需求，只針對程式邏輯錯誤來修改，沒有考慮系統維運需要，而無法設計易於維護的系統，如此不但事倍功半，也造成開發人員與維運人員的隔閡與衝突。

「DevOps」概念的誕生，就是提供一個整合開發與營運的解方，強調開發與維運技術人員應通力合作並搭建良好的溝通關係，彼此之間互相交流與調整，達成良好的循環。將兩個

團隊視為一體,目標是開發一個符合客戶需求且穩定運行的服務,以滿足顧客。由於部門間協同運作關係的改善,整個組織的效率因此得到提升,生產環境的風險也能降低。

三精神重塑服務思維

DevOps 模型具有完整的定義,包含價值觀(Values)、原則(Principles)、方法(Methods)、實踐(Practices)及工具(Tools)。這些思維影響著開發、測試、維運的組織與流程設計。在實踐時,開發與維運的組織與流程需融合外,還必須建立新文化,兩者必須互相考慮,相互協助,這也是團隊轉為服務思維很重要的一環,同時運用以下三點精神,重塑文化。

首先,開發必須要考慮維運,開發過程除了客戶需求外,還需考慮維運的方便性與系統穩定性,才能降低維運成本。

第二,開發與維運要有共同目標,兩者應視為一個團隊,並且擁有共同目標,持續穩定地達成交付服務。

第三,關注服務才是王道,從客戶角度出發,思考如何滿足客戶需求,引導客戶使用服務,而不是只關注客戶提出的需求。

維運團隊提供的是穩定的服務,而服務是從開發到穩定運

行,過程中需建立很多制度,像是導入國際的制度或標準方法,如專案管理制度、ISO 制度等。但這些都是指導,實務上要能貼近服務,建構日常服務的標準作業流程(SOP),將制度與實務流程結合,才能發揮效益,這是每個組織都得投入的關鍵。

而標準 SOP 的建立,是靠循環的力量。在建立維運團隊初期,無法一次將所有可能的問題及其防範措施建立完整,服務維運也會隨時間、服務、科技的改變不斷變化,這是一個動態過程,因此,如何建立一個能融入維運作業的循環,是企業的重要課題。

三階段建構服務運行的穩定性

建構服務的穩定運行可分為三個階段,每階段都有不同的管理重點與方法。

第一,進行系統開發、產品功能與服務設計,並針對服務發展、顧客需求、營運回饋進行開發,如常見的專案管理手法,依照計畫進行管理與落實。

第二,若服務在運行過程中出現異常問題,要能迅速處理每項事件並恢復營運,接著進一步探討問題發生的根源,制訂問題發生的處理程序、作業遺漏補強的流程改善,以及思考如

何避免再次發生的做法,並對人員進行教育訓練,運用這項方法不斷循環,累積維運能力。

第三,要能提供穩定服務,最關鍵的是必須做到預防異常發生,要做到這一點,就必須仰賴標準作業流程的建立。一個問題的發生,可能都是很小的疏忽,但在查找過程卻需付出極大成本,當排除與了解問題後,應紀錄處理方法,以及採用此方法的原因,並且說明預防再次發生的方式。

運用循環的力量,思索預防異常發生的方法,透過有形的系統強化相對比較容易,而無形的服務與維運流程才是強化重點,要保障持續營運,就必須持續強化維運流程與完善 SOP,從監控標準、訊息處理、異常追蹤、排除程序等,再到日常的日、週、月、年的檢查,持續找出弱點予以補強,唯有不斷透過循環,才能建立完善的維運 SOP。

AI 工程三階段

隨著 AI 產業的發展及多向開發與使用,AI 工程的需求誕生,結合 DevOps 的概念,AI 工程的概念,Gartner 提出的三個階段,分別為 DataOps、ModelOps,以及 DevOps,這三個核心階段皆是以 DevOps 的觀念來實現工程方法,其目的是希望能將發展 AI 智慧應用的技術,透過有步驟且能持續營運的

收集資料、模型使用、系統開發，達到持續發展的目標。DevOps 與原引用 DevOps 觀念的名詞一樣，為避免混淆，後面說明將以應用開發 AppOps（Application Operations）來取代。

階段 1：DataOps

　　DataOps 是一種協作數據管理的實踐，專注於改善整個組織中，數據管理者和數據使用者之間資料的通信、整合和自動化。簡單來說，就是對資料的使用有流程化的管理。

　　此與「DevOps」的觀念相同，管理一個 AI 專案時，在專案生命週期（Project Life Cycle）中，資料整理完後，會拿去進行模型訓練。而模型實際執行後，獲得的回饋如何反應在資料上，就需要「DataOps」的概念。

　　例如，當模型面對新資料時，系統在執行時若表現不佳，此時系統可以自動將新資料納入訓練集，再透過下一次的訓練更新模型參數，如此資料循環的概念，可以使模型的表現維持得更加長久。

階段 2：ModelOps

　　ModelOps 主要側重於各種可操作化 AI 和決策模型的生

命週期管理，透過測試與得到的回饋，修正及調整模型，以達到更好的表現。ModelOps 也可以說是 AI 模型的開發管理方法，我們在下節將以「AI 智慧應用專案管理方法」說明。

ModelOps 核心功能包括模型開發環境、模型版本控制、模型存儲等。有良好規劃的模型管理流程與系統，才能更有效率的開發與使用 AI 模型。AI 模型在實際應用後，需要長期的維護與更新，因此過往模型的管理十分重要。

針對不同應用建立的 AI 系統，常常是透過相同或類似的 AI 模型建立而成。如辨識醫療影像的模型和人臉辨識的模型，背後都是透過電腦視覺的分類模型做處理，差別只在資料的處理和細部的訓練流程。透過標準化的模型建立流程，我們可以提供跨部門或跨應用的協作，大量減少模型開發時間。

階段 3：AppOps

AppOps 是將開發後的產品，進行整合與維運。以 AI 工程來說，主要的產品就是各種 AI 應用，這運用企業軟體開發的方法，一般手法採用軟體工程方法，而在 AI 智慧應用上更要注意應用的最後成效評估。

AI 發展初期，許多公司透過自身對產業的專業知識，將各家 AI 公司提供的技術與自家技術整合，但大多針對各個部

門進行開發，以致同一家公司有好幾個各自獨立運作的 AI 專案，既不方便管理也不能共用，效益不彰。因此，與其每個部門各自進行專案設計，不如提供一個平台或發展一套軟體開發方法，讓各部門可以共享資料、模型，甚至是開發系統。

良好的 AI 工程策略，將促進 AI 模型的性能、可擴展性、可解釋性和可靠性，同時實現 AI 投資的價值。AI 項目經常面臨可維護性、可擴展性和治理方面的問題，這對大多數組織來說是一項挑戰。AI 工程則提供了一條途徑，使 AI 成為 DevOps 流程的一部分，而不再是單一且孤立的專案，並且在操作多種 AI 技術的組合時，也提供更清晰的方向。

10-2　資料治理

使用正確的資料是開發出完善智慧應用的根基，若資料集有所偏頗或是不完整，造就的應用結果很可能會出現偏差，甚至衍伸出不公與歧視等問題。舉例來說，當企業希望透過員工績效資料，做出一套績效評估系統，作為提拔新任主管的依據，但資料集中有高達九成都是男性員工資料，只有一成是女性員工資料，那麼透過績效評估系統來評估升遷人選時，顯然男性的升遷機率會高出女性許多，而造就不公平的問題。

除了 AI 模型做出的決策是否公平，得出的結果除了數字之外，是否有其他依據，能夠說明或解釋這些 AI 模型得出的結論。這些問題都需要透過資料治理來管理與規劃。

資料治理是指對資料的取得、處理、品質、運用的一套管理方法，其中包含策略、角色與權限，目的是要讓資料在組織內發揮最大價值，讓企業能獲取最高效益。

資料治理決定模型分析價值

隨著大數據、機器學習與深度學習模型發展的成熟，在許多 AI 技術與模型建立的環節中，資料成為重要的一環，不論是資料的偏差或缺失，在整理資料時，應確保不會造成不公平或嚴重偏差，避免訓練過後的模型，即便在測試上有很高的準確率或績效，但實務上卻無法使用。

以醫療影像辨識為例，若是收集的訓練資料，每項種類的數量比例差距太大，就會出現資料類別數量不平衡的問題，造成 AI 在模型訓練階段學習不足，導致後續 AI 實際使用時的結果產生偏差。若是訓練時的影像資料、拍攝的方式，或是拍攝儀器和實際場域上使用的不相同，也會造成辨識上的偏差，更別提如果一開始在進行資料的標籤程序就出現標籤錯誤的情形，如此訓練出來的模型，就更無法給人信服的結果。

相較於過往的資訊系統，AI 系統更需注意這些細節。在建立資訊系統時，實現的方法是靠邏輯與規則，因此每項由系統計算出的結果，都可透過邏輯判斷或驗算回推出錯的原因。藉由白箱測試（white-box testing），也就是結構測試，就能找到問題的癥結點。

反之，在 AI 系統中，許多 AI 模型與 AI 技術就像是一個黑箱，儘管可能有優於傳統資訊系統的性能，但難以得知模型判斷結果的依據或理由。除無法了解模型是否真的學會如何辨別，或模型判斷錯誤的原因之外，有時資料的偏差會造成不公平，甚至影響倫理問題。諸多的問題都會導致人們難以信任 AI 系統，因此需要針對資料和數據進行管理與規範。

如圖 10-1 所示，可以了解企業如何運用這套流程進行 AI 治理。整個**企業數位資料治理與開發治理藍圖由兩大建設與四大制度構成**。

資料基礎建設，由「資料治理制度」及「資料處理制度」建立；資料應用建設，則透過「資料存取制度」及「資料應用制度」達成。並以資料應用發展的需求為首，接著調整資料治理、處理、存取、應用制度，構成一個持續改善的循環發展。

以下說明資料治理的兩大建設與四大制度。

圖 10-1　**企業數位資料治理與開發治理藍圖**

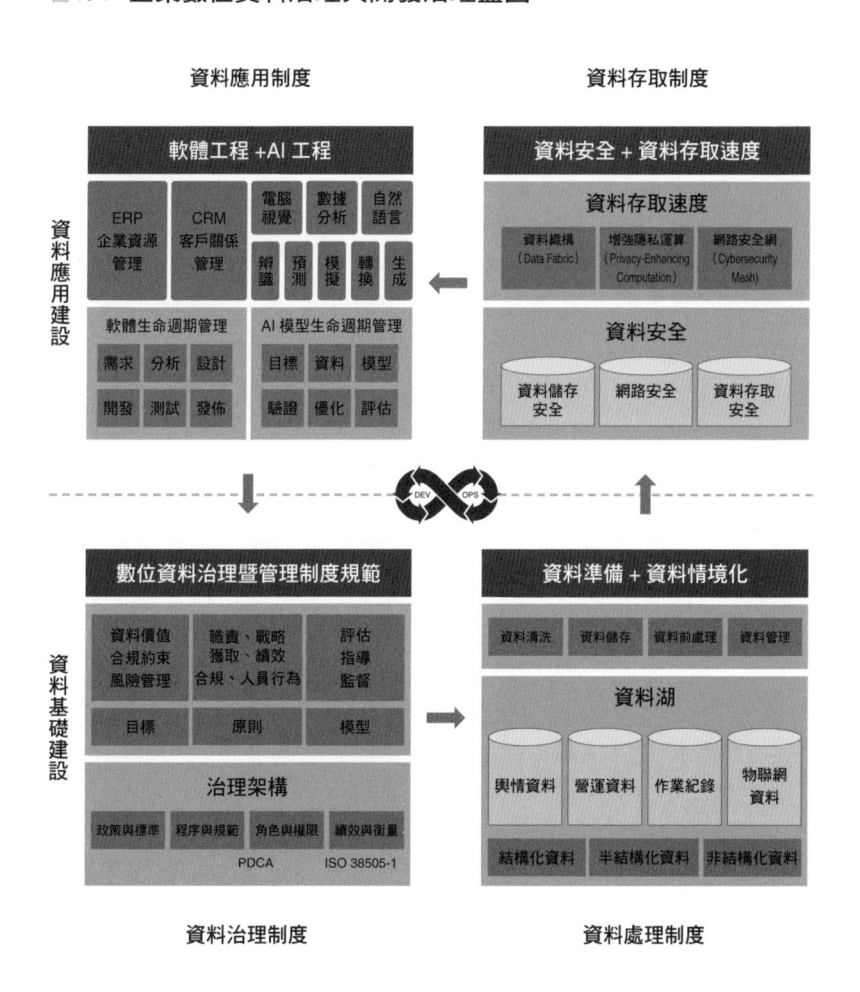

資料應用制度

軟體工程 + AI 工程

- ERP 企業資源管理
- CRM 客戶關係管理
- 電腦視覺
- 數據分析
- 自然語言
- 辨識
- 預測
- 模擬
- 轉換
- 生成

軟體生命週期管理
- 需求
- 分析
- 設計
- 開發
- 測試
- 發佈

AI 模型生命週期管理
- 目標
- 資料
- 模型
- 驗證
- 優化
- 評估

資料存取制度

資料安全 + 資料存取速度

資料存取速度
- 資料織構（Data Fabric）
- 增強隱私運算（Privacy-Enhancing Computation）
- 網路安全網（Cybersecurity Mesh）

資料安全
- 資料儲存安全
- 網路安全
- 資料存取安全

DEV ∞ OPS

資料治理制度

數位資料治理暨管理制度規範

- 資料價值合規約束風險管理
- 職責、戰略獲取、績效合規、人員行為
- 評估指導監督
- 目標
- 原則
- 模型

治理架構
- 政策與標準
- 程序與規範
- 角色與權限
- 績效與衡量
- PDCA
- ISO 38505-1

資料處理制度

資料準備 + 資料情境化

- 資料清洗
- 資料儲存
- 資料前處理
- 資料管理

資料湖
- 輿情資料
- 營運資料
- 作業紀錄
- 物聯網資料
- 結構化資料
- 半結構化資料
- 非結構化資料

資料應用建設 / 資料基礎建設

第十章　導入 AI 工程必備的 AI 管理思維　293

資料治理兩大建設

1. 資料基礎建設

不同企業對於資料的管理制度及規範,會依數據的著重點不同,而建立不同重心及不同嚴謹度的資料治理制度,如對於敏感資料的管理、重要資料的規範、一般資料的處理,有不同力度的管理方式;而建立資料治理制度後,依照制度進行資料的收集、儲存及初步處理,以能支持未來的應用需求,透過資料處理制度來建立資料湖及資料的初步整理。

2. 資料應用建設

資料是提供應用的主要要素,重點是需要能夠被各種應用有效率地存取與使用,資料存取制度必須建立資料安全、網路安全、存取安全及能被快速存取;資料應用制度則是用來發展企業需要的各式資訊自動化系統及智慧化系統。

上節提到「AI 工程」所談到的三個重點:DataOps、ModelOps、AppOps,若將三者對應到資料治理的兩大建設四大制度,可以說**資料基礎建設是 DataOps 的實務做法,包含資料治理制度及資料處理制度;而資料應用建設是 ModelOps 及 AppOps 的實務做法,包含資料存取制度及資料應用制度。**

在資料治理與開發治理藍圖，是結合資料治理與應用開發的整套做法，而整個藍圖一樣是以 DevOps 概念來循環、調整、修正、精進的工程制度，以上說明提供給產業界做參考。

資料治理四大制度

1. 資料治理制度：管理策略怎麼建立？

要建立資料的基礎建設，首先必須建立資料治理上的法規與方法，也就是建立數位資料治理的管理制度，將其成為企業資料治理的依據。這與企業導入或建立各種管理制度一樣，運用 PDCA（Plan-Do-Check-Act）做管理循環——先是依照企業營運目標來建立制度，然後執行，在實際場域進行績效評估後，最後針對不足之處持續改善。

值得一提的是，資料治理與資料管理有著很大不同，**資料管理談的是資料管理的方法與實施，以達成管理目的；資料治理則有更高的管理層級，主要制定各種策略，指導資料管理的活動，以及資料的收集、處理、應用、品質等相關規範與方法，以及作業的角色與權限。**

圖 10-1 中的資料治理制度，就是參考 ISO-38505-1 的資料治理標準整理的架構，可以依照企業需求選擇不同治理標準

來導入。也可以參考 2021 年 7 月資策會科技法律研究所出版的《重要數位資料治理暨管理制度規範》(Essential Data Governance and Management System，EDGS)做導入應用，此規範提供資料治理時需要的五個階段，包含需求收集、目標訂定、目標執行、目標達成以及持續改善，是一項完整的制度導入參考規範。

2. 資料處理制度

資料處理制度可以從兩個角度來規劃與執行，就是「資料準備」和「資料情境化」。

資料準備是指建構企業的資料湖（Data Lake），收集企業營運所需的內部資料及外部資料。內部資料如交易資料、服務資料、作業紀錄、物聯網資料、營運資料、互動資料等。而外部資料如輿情資料、環境資料、客戶或消費者網路行為等。

資料情境化是指建構資料使用的情境，依據設定的情境來梳理資料，並整理資料間的關係。如建立推薦系統模型時，會需要建構客戶喜好度資訊，企業可以思考現在已收集到的資料，或是未來在使用場域上取得的資料，有哪些可以串接運用，以進行分析與訓練模型，這就是建立資料使用的情境。

資料情境化便是依據設定的情境，對資料做基礎處理，包

含進行資料清洗、資料儲存、資料前處理、資料管理，以完成資料準備，而更有利於之後企業使用。

3. 資料存取制度

資料存取制度的兩個核心，包含「資料安全」及「資料存取速度」。企業將資料收集並整理，透過儲存安全、網路安全、存取安全的制度與作業，確保資料安全。資料的目的是為了能夠被各式企業應用所使用，資料如何於各種被使用的情境中，能夠快速且安全被存取，成為制度設計的重要因素之一。

4. 資料應用制度

資料應用制度主要是企業應用的開發管理制度，包含「軟體工程」及「人工智慧工程」，目的是實現各種應用與服務，協助企業營運所需，如企業的企業資源規劃（Enterprise Resource Planning, ERP）或顧客關係管理（Customer Relationship Management, CRM）系統。

除了過往軟體工程在開發產品時使用的「軟體生命週期管理」外，應用制度中也涵蓋「AI 模型生命週期管理」，將於下一節說明 DevOps 的概念，貫穿整個企業數位資料治理與開發治理藍圖，透過實際資料運用的經驗，可以找出管理的不足

之處,進行制度上的修正,調整資料治理規範,修改資料處理的方式,加強資料存取的安全。最後,再回到實際的應用與開發,透過不斷的循環、持續的改善,以達到提高企業營運績效的目標。

10-3　AI 專案管理

「AI 工程」是將 AI 落地與接軌產業的方法,而任何 AI 技術的導入與應用,在實務上都可視為一個專案的導入。那麼 AI 智慧應用專案管理方法(以下簡稱 AI 專案管理)與過往我們熟悉的軟體開發專案管理(以下簡稱軟體專案管理)又有什麼不同?這是本節探討的重點之一。

「AI 工程」中 ModelOps 及 AppOps 談的就是「模型開發」與「應用開發維運」,這就是一個 AI 專案會包含的內容。

「模型開發」用的是 AI 模型生命週期管理,「應用開發維運」用的是軟體生命週期管理,這兩者構成 AI 專案管理的內容。在「應用開發維運」方面,業界在應用軟體開發的方法很成熟,因此本節將著重在 AI 模型生命週期管理。

學會如何運用 AI 專案管理相當重要,一套完善的 AI 專案管理思維,除須了解完整的生命週期循環外,也應同時具備

評估 AI 專案成效的能力，讓 AI 專案在實際場域應用時，能夠確實解決問題，甚至持續優化，達到更好的效果。

AI 專案管理思維

AI 專案管理思維即是讓 AI 專案能成功導入產業的一種管理思維方式，藉由認清 AI 技術本質，進而改變專案管理方式。過往的軟體是依照邏輯思維來做開發，只要能夠驗證邏輯正確即可。

然而，**AI 是將人的經驗與智慧透過數據來表示，讓機器自我學習出數據中的特徵，成為一項可以反映人類經驗與智慧模型的技術。**這樣學習出來的模型，是否真的能夠展現出人類經驗？結果是否正確？是否符合預期的準確度？誤差是否在可忍受的範圍？這些問題顯然是需要進行驗證，透過人類的經驗比對來進行檢驗，直到產生的結果在可以接受的誤差範圍內，這就是達成績效目標。

一個智慧應用系統的開發，包含兩大部分。如圖 10-2 所示，第一部分應用開發維運，是對於解決問題的流程設計，以確保系統運作流程，能夠有效解決問題與持續發展，是一種運用邏輯方式來驗證解決問題的方法。

第二部分模型開發，是將過往經驗與智慧進行模型化的設

圖 10-2 **AI 智慧應用系統的開發流程**

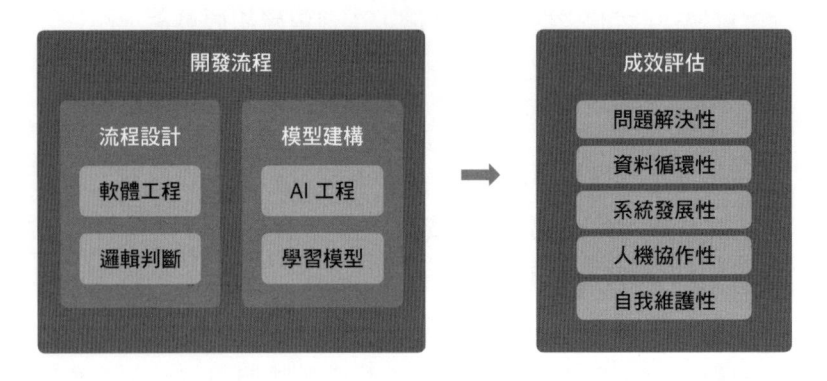

```
開發流程                          成效評估
┌─────────┬─────────┐            ┌──────────┐
│ 流程設計 │ 模型建構│            │ 問題解決性│
│┌───────┐│┌───────┐│    ➡       │ 資料循環性│
││軟體工程│││ AI 工程││            │ 系統發展性│
│└───────┘│└───────┘│            │ 人機協作性│
│┌───────┐│┌───────┐│            │ 自我維護性│
││邏輯判斷│││學習模型││            └──────────┘
│└───────┘│└───────┘│
└─────────┴─────────┘
```

計,目的是確保經驗及智慧能夠透過數據,有效學習與滿足績效目標,是一個重現經驗與智慧的學習方法,需要利用人的經驗來確認。開發完成且滿足績效後,再透過成效評估來發現不足與可以再優化改進之處,以讓智慧應用系統能夠持續發展。

相對於過往的自動化軟體專案的開發,在解決問題的流程設計完成後即可使用,對於智慧系統來說,卻是成果驗證的開始,必須不斷用人的經驗來確認這套重現經驗及智慧的學習方法,是否達到可以接受的績效目標。

AI 智慧應用不單只是邏輯檢驗而已,更重要的是,需要人類經驗與智慧的比對與確認,而這是一個很重要過程,透過調整邏輯設計和選擇學習方法,不斷循環到可以達到預期績效

為止,整套流程也屬於圖靈測試的一種運用。

AI 專案管理思維,就是確保 AI 智慧應用開發能成功的一種思維,必須通過人類經驗及智慧確認的成果,才是可用的成果,也要能夠維持不斷學習與可持續發展的系統,才是有效的流程設計。

AI 模型的生命管理週期

以下我們將探討兩大議題,其一,過往經驗與智慧模型化設計的模型建構,就是 AI 模型生命週期,這是目前較少被提及的部分,也是 AI 智慧應用的核心。其二,整個智慧應用系統的成效評估方法,確保系統即便隨時間推移,仍能夠符合環境變化持續發展。

傳統的專案可以用現今產業裡常見的 PDCA 循環方式來進行工作品質的管理。PDCA 由美國學者威廉・愛德華茲・戴明(William Edwards Deming)提出,透過規劃(Plan)、執行(Do)、查核(Check)、行動(Act)四階段,確認最後產品的品質是否良好。

一個專案從建立、執行到最後的成效評估,稱之為一個專案的生命週期,運用 PDCA 觀念,可以提出一套符合「AI 模型生命週期」的階段,如圖 10-3 AI 模型生命週期管理有六個

圖 10-3　AI 模型生命週期管理

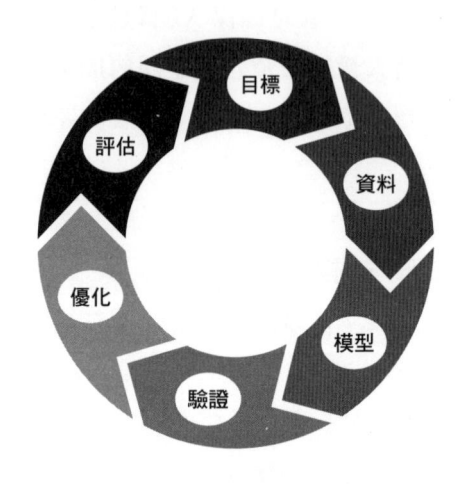

階段項目,從目標、資料、模型、驗證、優化到評估,最後再循環回歸到目標設立。

　　整個循環透過 DevOps 思維建立而成,在 AI 模型生命週期中,開發與維運需要互相考慮並相互協助。除了開發與維運有共同的目標外,關注顧客服務需求的精神,對 AI 專案顯得更加重要,因此在模型建立完成後,後續系統的實施與驗證、優化和評估,是過往在執行軟體專案管理時,較容易忽略的地方。進行 AI 專案管理時也需注意到,專案最後執行的成果將影響專案的目標與方向,如此形成一個循環的生命週期。

10-4　AI 模型生命週期—制度落實才能落地

　　本節我們將透過物流公司建立一個可以查詢物流資訊的服務機器人，說明客戶有任何疑問時，可以提供 24 小時的諮詢服務。為了讓說明能夠通用化，我們稱此服務機器人為「智慧系統」，帶領讀者了解一項 AI 專案管理的步驟。

　　簡單來說，客戶需要的智慧系統就是一個「問答機器人」，也就是一套 AI 智慧應用系統，可以在客戶提出問題時，給予適當回覆。

　　從圖 10-4 可看到，當客戶詢問「超過三個月的包裹還可以查收嗎？」此時機器人應該回答「您好，官網上的包裹查詢資料庫保留時間僅有三個月，您將無法查詢三個月之前的資料。」不僅如此，當客戶詢問其他問題時，這套智慧系統一樣能夠回答出對應的解答。

　　AI 專案管理運用 AI 模型生命週期來進行，可分為五個階段來管理，即：目標確立階段（對應目標）、資料整備階段（對應資料）、模型建立階段（對應模型）、持續驗證優化階段（對應驗證及優化）、成效評估階段（對應評估）。本節將介紹前面四階段，成效評估階段於下一節介紹。

圖 10-4 **智慧系統的智能問答示意圖**

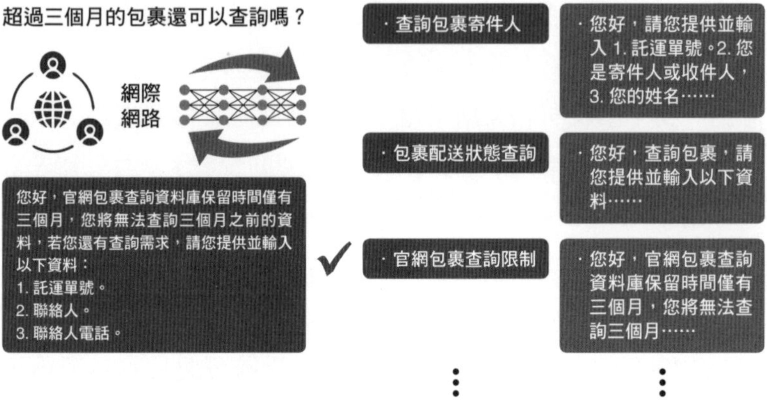
超過三個月的包裹還可以查詢嗎？
網際
網路
您好，官網包裹查詢資料庫保留時間僅有三個月，您將無法查詢三個月之前的資料，若您還有查詢需求，請您提供並輸入以下資料：
1. 託運單號。
2. 聯絡人。
3. 聯絡人電話。
· 查詢包裹寄件人
· 您好，請您提供並輸入 1. 託運單號。2. 您是寄件人或收件人，3. 您的姓名……
· 包裹配送狀態查詢
· 您好，查詢包裹，請您提供並輸入以下資料……
· 官網包裹查詢限制
· 您好，官網包裹查詢資料庫保留時間僅有三個月，您將無法查詢三個月……

目標確立階段—找出待解決問題

目標確立的階段包含「專案目標」與「定義問題」，需先設想出使用的場景以及要達成的目標，才能找出待解決的問題。

1. 專案目標

進行任何一項專案之前，首要是釐清專案目標。不論是軟體專案或是 AI 專案，都必須要有明確的專案目標，否則即便資訊科技與人工智慧技術再如何強大，目標若不明確，仍難以

發揮所長。

AI 是解決問題的工具，每一項 AI 專案都有其待解決的問題。以這個物流公司建立智慧系統的案例來看，物流公司的目標是希望建立智慧系統，讓客戶有疑問時，可以用接近與人對話的方式在線上詢問，給予客戶完整的解答或後續指引，即時解決客戶的困難。

2. 定義問題

有了明確目標後，需要定義問題，定義輸入的資料、輸出的結果及目標績效，以將待解決的問題，依系統能理解的形式來設定更具體的說明與定義問題。

問題定義得愈明確，在資料整備及模型建立才能更清晰，在優化及成效評估的環節，也才能有更貼近實際應用的衡量標準。以物流業這項例子來說，AI 問答機器人需要了解客戶所提出的問題，並分析客戶的提問內容，這是要解決的核心問題，且必須依客戶提出的問題做出正確的回覆。因此在此階段可以定義出，系統的輸入是客戶提出的問題，而系統輸出的結果是對應問題的答案。此外，也需設定預期正確率作為衡量準則，如預期準確率需達到 85%。

資料整備階段─收集整理資料做好準備

收集整理資料是 AI 專案管理中不可或缺的一環,在資料整備的階段有「描述問題」與「準備資料」兩項工作。在進行 AI 專案管理時,資料整理的好壞,往往決定最後 AI 模型訓練的成果與成效。

1. 描述問題

定義核心問題後,針對待解決的問題從不同角度來描述,同時設定期望達成的績效及性能,此時應考慮「功能」和「績效」兩項要點。

在此案例中,「功能」是指這套智慧系統必須要能回答哪些問題;而「績效」指的是定義智慧系統給予解答的準確率以及系統計算反應的快慢,都需納入績效考量。

例如可以將「定義問題」中要解決的問題,更詳細描述為:就是要將放入問答機器人的知識,轉化為 2,000 個智能問答(含智能問題及智能答案),讓智慧系統可以回答。具體來說就是要訓練一套能回答 2,000 個智能問答的系統,並且準確率要達到 85%,每一項回覆要在 0.5 秒內完成。

2. 準備資料

準備資料經常是 AI 專案中,花費時間最長且成本最高的階段。除了資料收集需要達一定數量,資料的品質也很重要,因此還需透過資料清洗、資料標註、資料分類等過程,才能整理出真正適合的資料。

根據前面的假設與定義的問題,在此案例中,客戶在詢問智慧系統問題時,每個人都有不同的問法,也就是說,每一個智能問題都會有多種表達方式,舉例來說「請問這個包裹是誰寄給我的?」跟「我想知道寄件人是誰?」這兩句的文字組成並不相同,但其實都表達出客戶想要「查詢包裹寄件人」的動機。因此在這個階段,需要準備的資料除了 2,000 組智能問答外,還需思考一個問題有多個說法,此稱之為「換句話說」或「延伸問法」,這些都要收集與建立。假設每一組智能問答有 10 個延伸問法,如此總共就需要準備兩萬個延伸問法。

接著再將這些多元且大量的資料分為兩個部分,第一部分為訓練資料,用以訓練智慧系統;另一部分為測試資料,用以測試訓練出來的模型。如此區分是為了能看出系統在遇到從未見過問題時的表現為何,通常會將 80% 資料當成訓練資料,20% 資料當成測試資料,待智慧系統訓練完成後,用以做為測試模型表現使用。

模型建立階段—運用 TAMAM 模型解決問題

在模型建立驗證階段有四項步驟，依序為「模型建構」、「模型檢驗」、「模型修正」和「系統試行」。在認識這個階段的步驟前，可以回顧第八章所介紹的 TAMAM 模型，而模型的建立需要經歷多次實驗與測試，進行不斷的檢驗與修正，才能放入實際場域中做測試。

1. 模型建構

在模型建構階段，需要最先考量的是依據目標確立階段設置的問題，決定出 AI 應用模型及 AI 能力和方法，為達成績效和成果，可以透過實驗不同的 AI 算法和 AI 技術，建構出適合的模型。

然而，實驗過程並非亂無章法的嘗試，而需多方思考。**模型的建立，除參考機器學習或深度學習技術與常用模型外，還需考慮資料特性與數量，選擇最有效率的算法與達成績效的要求，才能建立可解決問題的模型。**

在這項例子中，如果有個「問句意圖偵測器」能將客戶詢問的問題輸入，並辨識出哪個智能問題最適當，就可以找出對應的答案來回覆。回顧 TAMAM 的架構，這個「問句意圖偵測器」，該使用什麼 AI 方法？使用什麼樣的 AI 算法？使用什

麼樣的 AI 技術？

在問答運作上，常見的做法是透過意圖偵測功能，來辨識與理解使用者提出的問題。意圖偵測可以想成是一個分類問題，將客戶詢問的問題分類至 2,000 個智能問答的其中一類，這樣的做法就是要以分類的 AI 方法，選擇一個適合的分類算法來建立一個「問答分類器」。而訓練分類器的訓練與驗證資料，就是用資料整備階段所收集智能問答中的智能問題與延伸問法，也就是採用監督式學習的 AI 技術來建構模型。

以上提出的並非唯一方法，而是要靠 AI 工程師，依照資料的特性來選擇適合的 AI 算法，可以透過實驗來證明哪些 AI 算法才是最合適的，因此就需要進到下一個階段「模型檢驗」。

2. 模型檢驗

建立模型並完成訓練後，就進到模型檢驗環節，透過測試資料集來檢驗模型成效，**檢驗模型是否能夠達到預期表現，確認是否能達到智慧應用的目的及績效**。此階段需要透過許多實驗或不同測試資料來驗證模型的表現，除了確認表現是否達到預期外，也要在不同測試資料集做驗證，確保模型的表現並不只是單一資料集上的偏差結果。

以智能問答為例，在這個階段會面臨一些問題，例如：延伸問題要準備多少、測試資料要準備多少、模型輸出結果的時間與反應是否夠即時等。在這個階段，都需要靠大量的實驗和經驗來調整，以達到應用目的。

3. 模型修正

完成檢驗後，就須**依照測試資料及驗證結果，比較預期成效與實際成效的差異，進行模型架構與參數的調整**。除了直接更改模型架構與演算法外，還有許多細部的參數可以做調整。在此階段，使用者與開發者的分工十分重要，因為除了發現使用的方法不夠好之外，更常見的原因是，開發者對於資料特性或該領域的專業不夠了解，導致使用的 AI 算法錯誤，或忽略一些可行的做法與缺失。此時開發者需要使用者協助，才能更具體了解資料特性，以縮短實驗的時間與工程。

以智慧問答系統為例，在模型檢驗後，可能會遇到績效不如預期的情況，如回答的正確率太低，在這個階段就必須去尋找正確率不符合預期的原因，探討是不是模型的分類能力不足，或演算法不適合，抑或是訓練資料不夠完備。如若發現訓練資料中每一類的數量有明顯的不平衡，常見某幾類智能問題的延伸問法數量過多，致使模型經過學習後，在辨識上產生偏

差，就會導致分類錯誤。

如此根據這些實驗結果，在模型修正階段即可調整模型訓練方式，使用較不易導致資料不平衡的演算法，或對訓練資料進行調整，接著再次進行模型檢驗，直到測試結果符合目標。

4. 系統試行

模型測試與修正皆是以測試資料進行，但終究不是在實際場域，因此表現會有所偏差。在系統試行階段，就是要**將智慧應用系統，透過使用者測試及企業內公開測試，來檢驗模型適用性與效能**。畢竟訓練和測試資料往往有限且不足，讓更多使用者測試是必要過程，以在試行階段可以發現更多系統不完善之處，藉此預先調整，減少實際場域運作後會出現的問題。

以物流業這項案例來說，在此階段可以讓公司內部人員進行測試運行，並對智能問答系統進行問答測試。一般來說，問答系統準確率達 80% 至 85% 即可上線運行。有時在此階段就能發掘出模型及系統不足之處，例如：2,000 組智能問答不足以滿足客戶需求，或是大部分的提問方式超出模型的理解範圍。有了試行階段，就可提早修正系統問題。

持續驗證優化階段─不斷改進是 AI 成功法則

持續驗證優化階段,包含「系統實施」和「系統優化」。前一個階段在測試環境中做檢驗和修正,而在測試環境達到預期目標後,便可以將系統投入場域中實施。相較於過往的軟體專案管理,**AI 專案模型更加重視產品在上線後的「驗證」與「優化」**。由於實際場域和測試環境還是有所差別,系統實施初期的成效,會隨著實際場域的持續優化,AI 系統往往能夠獲得更好的績效成果。

1. 系統實施

相較於傳統的專案為「上線即專案完成」,對於一項 AI 專案來說,此時才正是接受現實考驗的開始,也是 AI 模型生命週期中,最重要的驗證環節。而系統實施的成效更是持續「優化」的重要依據,也就是在系統正式上線運行後,透過實際使用者的使用與回饋,持續收集與發現智慧應用系統的模型效能,做為模型優化的重要依據。

系統正式對外開放後,是收集實際客戶使用資料的重要時刻。通常剛開始運行的前三個月,會是收集系統實際資料的最佳時機。以問答系統為例,即便先前有做系統試行,在此階段還是會有訓練資料未曾出現過的提問方式,而這些資料都將是

系統優化重要依據。

2. 系統優化

系統優化主要是從實際使用者取得資料，藉由實際運用效能，評估模型績效與是否達到智慧應用預期效果，並進行模型調整與優化。透過正式上線運行的結果，對模型進行調整與優化。

例如，發現客戶詢問的問題已超出 2,000 個智能問答的範圍，便可以增加智能問答的題庫再訓練，以優化模型表現。在此階段甚至可以運用這些收集到的資料，轉化為訓練資料或測試資料，將新的資料變成優化模型效能的利器，讓使用者的協助成為優化模型的推手，協助開發者尋找更佳模型和演算法，發展更完善的智慧應用系統。

上述的 AI 專案生命週期裡，包含目標、資料、模型、驗證和優化各階段，許多階段都需要以實驗測試，進而做調整與修改。不論是在模型建立階段，抑或是在系統開放後實施驗證與優化，都是經過實驗、測試、修改的循環，因此要建立一個好的 AI 模型或 AI 專案，唯有透過不斷的實驗循環，才能達成期待中的結果。

10-5　成效評估—正確衡量才能達標

　　AI 專案生命週期從目標到優化的各階段後，接下來就是如何評估一個模型或一套 AI 系統的好壞。除了透過系統上線是否達成目標與成效來判斷之外，還有其他因素需考量，以下統整為五個準則，提供評估參考。

準則 1：問題解決性

　　第一個評估準則為「問題解決性」，也就是專案目標是否達成，以及達成哪些評估指標。評估指標指的就是 AI 專案管理中，目標確立階段設定的績效指標。

　　我們在模型建立及系統實施的環節時，都會透過這些績效指標來判斷模型好壞、驗證設定的目標是否達成。如問答機器人是否正確回答客戶的問題、回答的準確率是否高於 85%、客戶對於回答是否滿意等。

準則 2：資料循環性

　　介紹 AI 生命週期時，曾提到資料在 AI 應用的重要性，在評估 AI 系統時也應考量 AI 系統對於資料的產生、收集、訓練，能否成為一個良性循環。資料的多寡及多元性，對模型

的訓練效果有很大影響。在許多應用中真實場景的資料不多，整理乾淨且含有標籤的資料更為稀少，是否能在系統實施時，於輸出結果的同時也產生或收集新的資料，增加訓練資料的數量與多元性。除此之外，在增加新資料後，如何將其納入訓練，也是一個需要考量的特點。

隨著時間的演進，應用環境或使用者的習慣會產生改變，實際的資料也會和訓練資料差異愈來愈大，此時模型的表現下滑。為了避免這樣的情況發生，資料的循環變得很重要，新增訓練資料除了有機會提升模型表現外，更是用來解決應用環境與使用者習慣改變的問題。

舉例來說，收集新客戶的問答紀錄後，發現有些問答系統常常回覆錯誤，接著就可以定期將資料收集加入訓練集，提升模型能力。同時，若出現問答系統從未出現過的問題，也可將其新增至訓練集中。

準則 3：系統發展性

為了讓 AI 模型能更長久的使用及提供服務，在設計系統架構時，也應考量系統是否可以持續發展，以滿足客戶更多需求。若未來希望增加問答機器人能回答的問題，就必須考慮到系統發展性，思考此目標是否能夠達成或模型架構能否擴大等

議題。

若希望問答機器人增加新領域知識的問答能力，能否擴充更多智能問答且保持預期的績效，就是重要的問題。要解決這項問題，不單單只是需要收集更多訓練資料，如何維持預期準確性及運算的效率也是一門課題。而這往往在系統初期建立系統架構時就已決定，若系統或演算法過於複雜或沒有效率，系統要擴展的難度就會提高，為了提供更長遠的服務，系統的發展性是需要納入評估的。

準則 4：人機協作性

想要提升系統表現，評估系統在運行過程是否有人的協作因素需要加入，以維持系統學習的正確性也相當重要。像是透過良好的人機協作性，可以判斷某些資料是否適合納入優化模型的訓練或學習，此即「AI 是生產者，人是審核者」或是「AI 不足，人來補足」的觀念，如此能夠降低人力成本、提升效率，更能有效解決問題。問答系統實際運作後，若發現有些問題的回答經常錯誤，而問答系統可以分析歸納提供使用者的各種問法，這時就要由人來確認這些問法，是否適合用於優化訓練問答機器人，避免問答機器人學習不恰當的知識，反造成績效下降或誤答。

準則 5：自我維護性

　　智慧系統在經歷過長期運行後，也要能夠自我維護，避免表現下降。因此需要評估 AI 系統的自我維護性，也就是系統是否具備分析運作的紀錄，且成為優化模型的依據，以維持預期績效。以智慧問答系統為例，隨著運行時間愈長，客戶提問方式逐漸改變，使得模型表現也逐漸下滑，在這樣的情況下，系統是否能夠透過紀錄資料自我進行分析，並且提出改善建議，再經由人機協作的方式確認以持續優化模型，為維持預期的績效提供貢獻。

　　從目標確立、資料整備、模型建立再到持續驗證優化，不斷的循環和調整，並且透過成效的評估，來確保整個系統的品質與表現，就是一個完整的 AI 專案生命週期。

第十一章

AI 可信任嗎？

　　AI 的迅速發展的確為人類帶來福祉，但同時也產生許多問題，無論是資訊安全或是道德倫理，在各方面都產生巨大的影響。我們既期望 AI 能夠如人類一般思考，但又擔心對人類造成威脅，因此如何從 AI 獲益中省思、制定 AI 發展戒律，從科技與安全中取得平衡，正是人類面臨最重要的課題。本章針對此議題進行探討，了解 AI 可能帶來的潛在隱憂，以及 AI 治理的重要性。

11-1　資訊安全—科技與安全的平衡

　　世界萬物本身沒有好壞之別，卻會因為人類的使用方式，

造成各種正面或負面的影響。科技也是如此,科技如同一把雙面刃,就看人們如何使用。因此透過 AI 治理,對其發展設定合理的限制,成為現下最重要的議題之一。

AI 信任危機

根據 2018 至 2019 年,KPMG、O'Reilly、MIT Sloan、Databricks 等多家國際市調公司報告一致指出,企業對於 AI 可靠性、可維護性、可信賴性的疑慮,將導致其對 AI 期望降低,甚至減少投入,延緩 AI 規模化、產業化的速度。尤其近年來,出現不少因 AI 錯誤判斷而導致的經濟損失、性別與種族歧視等社會事件,更加深人們對 AI 信任的疑慮。

像是電動車在台灣高速公路上就曾發生,AI 誤將傾倒的貨車白色車頂辨識為無障礙的道路,造成閃避不及導致車禍;電商巨擘亞馬遜(Amazon)透過 AI 進行徵才,卻發現 AI 出現「男尊女卑」的偏差意識,導致職場性別歧視;社群平台龍頭 Meta 使用 AI,錯把影片中出現的黑人標註為靈長類動物,引發種族歧視爭議。而美國警方也曾透過 AI 人臉辨識抓捕犯人,最後卻出現抓錯人的窘境。

不僅如此,隨著 AI 被廣泛應用在各大領域,若在股市虛偽交易示警、病理分析、安控等領域出現誤判,勢必將引發金

融市場恐慌、病理分析偏頗、安全疑慮等一系列的問題。

因此，要促使 AI 產業健全發展，就必須打造良善 AI 環境，令企業與消費者對 AI 產生信任感，實為首要。

資訊安全迫在眉睫

社群平台誕生前，很難想像駭客光是從社群平台上的一張照片，就能找出個人的所在位置與相關個人資訊，一旦遭到鎖定，個人資訊就直接攤在陽光下，損失的可能不只是單純的個人資訊曝光、財務的損失，更甚者將危及人身安全。尤其後疫情時代，遠距工作、遠端教學已成新常態，全球網路使用頻率大增，導致網路與駭客攻擊的頻率升高，現今無論企業還是個人，面對資安威脅都必須謹慎以待。究竟資安會造成哪些問題？以下分成三個部分來討論。

個人資安

個人資安問題可說是近年來最有共鳴的議題。釣魚網站攻擊事件層出不窮，這些駭客佯裝成社群平台登入頁面，擷取使用者的帳號密碼，看準不少使用者常基於方便，而在各網站使用同一組帳號密碼，以致駭客成功盜取一組帳密後，就能快速登入其他不同網站。此種情況不只導致個資外洩，甚至被賣到

黑暗網站（Dark web），此網站是不可被隨意存取的網際網路內容，多被用來從事不法或法律邊緣的服務，若被不當使用，除了導致財務損失，更甚者將危及人身安全。

企業資安

企業是駭客攻擊的主要目標，在疫情期間，許多企業的資訊安全遭到攻擊的機率大增，主要在於員工必須在家上班，但家中電腦的防護不如企業內部電腦完備，加上頻繁使用 VPN，連線到企業內網的裝置大幅增加，對企業的網管而言，要判讀公司員工使用 VPN 是否異常的難度也大幅提升。

一旦內網被入侵，公司員工的個資、企業內部資訊，甚至是業務或技術研發資料，都可能被盜取或刪除。近年來企業遭到網路攻擊的案例層出不窮，比如國際知名 GPS 和穿戴裝置大廠 Garmin 案件，因涉及一般使用者個資外洩而受到各界強烈關注。Garmin 在 2020 年 7 月傳出遭駭客攻擊後，不但產線停工 2 天，連用戶的 App 都無法更新，顯見企業深陷資安問題造成的嚴重後果不容小覷。

政府資安

台灣各個政府單位的網站、醫療院所系統、智庫單位，因

擁有大量全民個資與國家機密資訊，成為駭客鎖定攻擊目標。「資安即國安」不只是口號，其危機遠比我們想像的還要嚴重，危害的不僅造成個人與企業損失，更是大大侵害國家安全。

行政院「國家資通安全會報技術服務中心 112 年第 4 季資通安全技術報告」中分析，造成政府資安威脅的原因，其中應用程式漏洞（11.9%）、設備異常／損毀（8.93%）、網路設計不當（6.55%）、弱密碼／密碼遭暴力破壞（6.55%）是最常發生的原因，但其中更有無法確認事件原因（25%）及其他（23.81%），合計將近五成是無具體清楚原因。這也表示攻擊手法日新月異，資安防護愈來愈困難，其重要性愈來愈不容忽視。

科技帶來方便的同時，難免有不法之徒利用這些技術來滿足個人利益，傷害社會福祉。若要避免危及自身，除了有賴相關單位機構制定規則並嚴厲執行外，生活在科技世代的我們，也要時時注意與保護自身的隱私與個資，才能讓科技的便利與安全達到平衡。

11-2　AI 倫理學之建構新倫理與新秩序

AI 快速發展隨之而來的就是新倫理問題。試想，隨著自駕車普及化，滿街都是自駕車的情況下，一旦自駕車在路上發生交通事故，那麼責任歸屬該由誰來承擔？是自駕車的擁有者還是自駕車的製造商？這是一個難以劃清責任、且隨時可能發生在你我身上的問題。

「AI 倫理學」就是為了探討因 AI 可能產生的影響所發起的一門新顯學，目前許多機構都已開始進行研究。麻省理工學院在 2016 年推出的網站「道德機器」，就是以道德哲學中經典的「列車難題（Trolley Problem）」為基礎來詢問受訪者，當自駕車遇到類似情境時該如何決策？截至目前為止，已在全球收集超過 400 萬人的回饋資料及超過 4 千萬筆決策數據，並於 2018 年，在《Nature》期刊上發表初步分析。

台灣也在 2018 年開始啟動名為「人工智慧倫理學計畫」的 AI 倫理研究，由清華大學丁川康教授與中正大學謝世民教授共同主持。在此計畫的「人工智慧倫理學」網站中，受試者必須在所面臨的各項情境中，做出認為應該採取的行動。

如「人工智慧倫理學」網站所示情境，一輛自駕車故障，若自駕車決定直行就會掉入前方坑洞，造成自駕車的乘客傷

亡；如若自駕車決定轉彎，將會撞到人行道上的行人，造成行人傷亡，那麼自駕車該做出何種決定？若您是駕駛，您會怎麼決定？

這是倫理問題，也就是透過這樣的問題，收集人類的倫理決策，未來作為 AI 學習的參考。

在此計畫中，主題並不像麻省理工學院的道德機器網站，僅限於自駕車問題，還有各種 AI 在未來可能發生的應用情境，包括醫療照護、器官移植及工程倫理等情境，試圖探索不同情境下的倫理決策，並分析人類決策的特性。

發展 AI 的目的，是為了幫助人類更有效率的解決問題。倘若 AI 可以用來協助人類做出道德判斷，那麼我們將會期望，AI 做出的決策能符合人類的價值觀。因此目前探討 AI 倫理學的計畫，無論是麻省理工學院或人工智慧倫理學計畫的目標，都希望能夠收集普羅大眾在特定情境中的道德判斷，並進一步統整出大眾背後的倫理決策模型，以讓 AI 做出更符合人類判斷的倫理決策，作為日後設計 AI 時的參考。

回到先前所提的自駕車倫理議題，若自駕車已做出最符合大眾判斷的倫理決策，但仍對人或其他事物造成危害，這些責任究竟歸咎於誰？目前這個問題仍未有明確答案，這也代表自駕車面臨的難題所牽涉到的倫理議題，不只是網路上的一則調

查可以解決，日後同時也會直接影響自駕車是否能上路的相關規範。

從目前的研究結果來看，多數學者普遍認為 AI 引發的意外，應負責的是人類，而不是 AI。除非有朝一日 AI 真的發展出自由意識，否則任何與人工智慧有關的責任問題，最終都需要由人類來承擔。

隨著科技的快速發展，AI 將會大量被應用在各個領域中，而 AI 倫理學的問題必定會慢慢浮出水面，就像當初制定任何倫理道德相關法規一樣，公部門也必須及早對 AI 倫理制定相關措施與規則，讓企業有法可參。

11-3 AI 發展應守的戒律

儘管 AI 為人類帶來更多便利性，卻有不少專家領袖呼籲停止全面發展 AI。物理巨擘史蒂芬・霍金（Stephen Hawking）早在 2014 年 BBC 新聞網的專訪中就預言：「若全面發展 AI，人類恐自取滅亡。」伊隆・馬斯克在 2017 年接受《WIRED》雜誌採訪時也指出，AI 終將發展到比人類還優秀的程度，形成一種「新型態的生命」，他更進一步表示：「我擔心 AI 會完全取代人類，若有人設計電腦病毒，有人創造出能自我升級和

自我複製的 AI，那將是超越人類的新型態生命。」

　　最令人意外的一位反對者，是一輩子投身神經網路研究而創造深度學習的發明者辛頓。2023 年 4 月他辭去 Google 副總裁與工程學者的職務，原因竟是他對 AI 發展迅速感到不安，他表示 Google 雖然已經非常負責地避免風險產生，但他仍對 AI 發展出容易複製的數位智慧感到憂心。

　　Meta 也曾在 2017 年開發聊天機器人的過程中，發現聊天機器人竟然能用原先未設定的語言對話，疑似發展出自身對話系統，因此緊急停止相關實驗。儘管當時並沒有發生像電影《機械公敵》（I, Robot）中，機器人與人類互相對抗殘殺的恐怖場景，但的確也讓人們省思，如果放任 AI 發展，是否會發生更多意外？因此，各個國際組織開始重視這一項議題，並且制定相關法規，而形成 AI 2.0 發展過程中，政府、企業、個人都在探討的 AI 治理議題。

　　以台灣而言，政府與產業界也注意到這個問題的重要性，而積極推動 AI 發展戒律與 AI 發展科技指引。國際上對於 AI 法規也極為重視，尤以歐盟發展最快，以下說明各國在 AI 治理上的發展現況。

台灣人工智慧法規發展

一、2018 年 AI 倫理自律宣言

台灣在 2018 年 9 月 21 日,由中華資訊軟體協會結合中央研究院、台灣微軟、立法委員、學者與軟協 AI 大數據智慧應用促進會業者,於立法院召開「台灣願景,AI 前瞻公聽會」,發表「AI 倫理自律宣言」,以中華軟協為發起單位,制定 AI 倫理自律宣言的三大主軸——透明、倫理、負責,並邀請業界共同簽署。

二、2019 年人工智慧科研發展指引

2019 年 9 月 23 日由當時科技部提出人工智慧科研發展指引（AI Technology R&D Guidelines）,呼籲 AI 研發人員在發展 AI 過程中,必須謹記「三大核心價值」及「八大指引」,打造值得信賴的 AI 環境,對 AI 開發人員具有指引效果,對培養台灣 AI 開發人員亦有極大幫助。以下說明上述發展與指引之治理與基礎概念。

■三大核心價值

其一是以人為本（Human-centred Values）。AI 科研應

圖 11-1 AI 倫理自律宣言

AI 倫理自律宣言
Artificial Intelligence Ethics & Self-regulatory Declaration
三大主軸：透明、倫理、負責（08 / 28 / 18 Revise）

| I | **恪遵自我要求**
任何 AI 行動計畫，應研究並遵行相關法律及倫理規範要求。

| II | **合理責任劃分**
應制訂 AI 系統之基本原則與標準操作規範，促進演算過程透明化，合理分配 AI 系統建造者及使用者應負之責任，及避免人類受到故意行為所導致的傷害。

| III | **維護人類權益**
AI 不能應用在欺騙或傷害人類。

| IV | **促進人性尊嚴**
AI 的行動邏輯設計，必須在不破壞人類尊嚴和防止偏見的前提下，促進公平、人權及自由；尊重文化差異以及避免歧視。

| V | **實現人類價值**
AI 必須協助實現人類價值，並擴大人類的能力不能侵犯基本人權，並應尋求解決 AI 所帶來的問題。

| VI | **增進人類福祉**
AI 工具和服務必須實現效能最大化以幫助人類生活，包括：生產、運輸、醫療、教育、經濟發展、環境保護等，並以增進人類整體社會的福祉為目的。

| VII | **邁向永續發展**
AI 應協力因應人口老化、城市發展、社會創新等永續發展目標之議題。

遵循以人為本的價值，以提升人類生活、增進人類福祉為宗旨，構築尊重人性尊嚴、自由與基本人權的人工智慧社會。

其二是永續發展（Sustainable Development）。AI科研應追求經濟成長、社會進步與環境保護間之利益平衡，以人類、社會、環境間的共存共榮為目標，創造永續願景。

其三是多元包容（Diversity and Inclusion）。AI科研應以創建及包容多元價值觀與背景的AI社會為發展目標，並且積極啟動跨領域對話機制，普惠全民對AI的理解與認知。

■八大指引

其一是共榮共利（Common Good and Well-being）。AI科研人員應追求人類、社會、環境間的利益平衡與共同福祉，並致力於多元文化、社會包容、環境永續等，達成保障人類身心健康、創建全體人民利益、總體環境躍升之AI社會。

其二是公平性與非歧視性（Fairness and Non-discrimination）。AI科研人員應致力於AI系統、軟體、演算法等技術及進行決策時，落實以人為本，平等尊重所有人之基本人權與人性尊嚴，避免產生偏差與歧視等風險，並建立外部回饋機制。

其三是自主權與控制權（Autonomy and Control）。AI

應用係以輔助人類決策，AI科研人員對於AI系統、軟體、演算法等技術開發，應致力讓人類能擁有完整且有效的自主權與控制權。

其四是安全性（Safety）。AI科研人員應致力於AI系統、軟體、演算法等技術運作環境之安全性，並追求AI系統合理且善意的使用，構築安全可靠之AI環境。

其五是個人隱私與數據治理（Privacy and Data Governance）。個人資料隱私侵害的預防，必須建立有效的資料治理，在AI研發與應用上，AI科研人員應致力注意個人資料收集、處理及利用符合相關法令規範，以保障人性尊嚴與基本人權，並針對AI系統有適當的管理措施，以維護資料當事人權益。

其六是透明性與可追溯性（Transparency and Traceability）。AI所生成之決策對於利害關係人有重大影響，為保障決策過程之公正性，在AI系統應遵循可追溯性要求、進行最低限度的資訊提供與揭露，並建立相關紀錄保存制度，以確保一般人得以知悉人工智慧系統生成決策之要素及利害關係人得為事後救濟及釐清。

其七是可解釋性（Explainability）。AI發展與應用階段，應致力權衡決策生成之準確性與可解釋性，兼顧使用者及受影

響者權益，故 AI 技術所生成之決策，應盡力以文字、視覺、範例等關係人可理解之方式與內容呈現。

其八是問責與溝通（Accountability and Communication）。基於社會公益與關係人利益之維護，AI 的發展與應用應致力於建立 AI 系統之問責與溝通機制，提供使用者與受影響者之回饋管道。

三、2023 年行政院及所屬機關（構）使用生成式 AI 參考指引

針對公部門使用生成式 AI 的規範，國科會於 2023 年 7 月 18 日公布「行政院及所屬機關（構）使用生成式 AI 參考指引草案」，在收集各業意見後，於 2023 年 8 月 31 日公布正式通過版本。共包含十項指引，呼籲各機關人員在使用生成式 AI 的同時，應秉持負責任及可信賴的態度，掌握自主權與控制權，遵守安全性、隱私性與資料治理、問責等原則，並不得隨意揭露未經公開的公務資訊，或分享個人隱私資訊，以及不可完全信任的生成資訊。

值得關注的是，這份指引第二條清楚表明，「生成式 AI 產出之資訊，須由業務承辦人就其風險進行客觀且專業之最終判斷，不得取代業務承辦人之自主思維、創造力及人際互

動。」充分提醒目前生成式 AI 在使用上必須注意的事項。

四、資策會生成式 AI 導入指引

2023 年 8 月 1 日，資策會發佈「生成式 AI 導入指引——企業應具備的 AI 素養」手冊，針對生成式 AI 發展趨勢、導入與評估、風險管理，以及資源參考等四大面向進行解析，期望協助一般企業及公、協會組織，從生成式 AI 的基礎了解再到佈建運用時應注意事項，降低應用生成式 AI 的進入門檻。

五、2023 年 AI 產品與系統評測中心

數位發展部於 2023 年 12 月 6 日啟動 AI 產品與系統評測中心，藉由 AI 評測中心來提供我國對可信任 AI 產品或系統的評測服務，建立可信任 AI 產品與服務的發展環境。評測中心從安全性、可解釋、彈性、公平性、準確性、透明性、當責性、可靠性、隱私、資安 10 個構面來提供評測服務。

六、2024 年人工智慧基本法草案

前國科會主委吳政忠於 2024 年 3 月 14 日表示，政府積極研擬發展人工智慧基本法草案，希望於該年底前能夠提出行政院版本，以送立法院審議。2024 年 7 月 15 日國科會預告「人

工智慧基本法」，草案有 18 條條文，預告期間至 9 月 13 日止，並由行政院公告實施。

「AI 基本法」的宗旨為促進以人為本之人工智慧研發與應用，提升國民生活福祉、維護國家文化價值及國家競爭力，增進社會國家之永續發展。提出永續發展與福祉、人類自主、隱私保護與資料治理、資安與安全、透明與可解釋、公平與不歧視、問責七大基本原則。也提到政府應依人工智慧風險分級，透過標準、驗證、檢測、標記、揭露、溯源或問責等機制，提升人工智慧應用可信任度，建立人工智慧應用條件、責任、救濟、補償或保險等相關規範，明確責任歸屬與歸責條件。

經過近幾年發展，人工智慧的相關指引或法規逐步推出，對 AI 治理取得極為重要的進展。令 AI 研發人員在未來皆能依照指引或法規，進行發展 AI 智慧應用，讓 AI 治理得以落實，以成為福祉科技為目標。

歐盟人工智慧法規發展

歐盟是全世界最早通過人工智慧法案的地區，不只起步最早，發展也相對成熟，以下簡述歐盟人工智慧法的發展。

一、2019 年人工智慧道德準則

歐盟於 2019 年 4 月 9 日發布了一份人工智慧道德準則，該準則是由 2018 年 12 月公布的「人工智慧道德準則草案」演變而來，提出實現可信賴人工智慧的七項要素。這是一個概念性與方向性的描述規範，成為人工智慧法案的基礎思想，以下摘要其重點。

1. **人的能動性和監督**：AI 系統應通過支持人的能動性和基本權利，以實現公平社會，而非減少、限制或錯誤地指導人類自治。
2. **穩健性和安全性**：值得信賴的 AI 必須要求算法足夠安全、可靠和穩健，以處理 AI 智慧系統所有生命周期階段可能產生的錯誤或不一致。
3. **隱私和數據管理**：公民應該完全控制自己的數據，同時與之相關的數據不會被用來傷害或歧視他人。
4. **透明度**：應確保人工智慧系統的可追溯性。
5. **多樣性、非歧視性和公平性**：人工智慧系統應考慮人類能力、技能和要求的總體範圍，並確保其可接近性。
6. **社會和環境福祉**：應採用人工智慧系統，促進積極的社會變革，增強可持續性和生態責任。

7. **問責**：應建立相關機制，確保人們能對人工智慧系統之成果負責，以及事件發生後之問責。

二、2021年人工智慧法律框架規範草案

2021年4月歐盟更進一步提出，人工智慧法律框架規範草案（Proposal for a Regulation on a European approach for Artificial Intelligence），將AI應用依照風險程度，分為四個風險等級：

1. **不可接受的風險（Unacceptable risk）**：被認定為對人們的安全、生計和權利有明顯威脅的人工智慧系統將被禁止。其中包括操縱人類行為、鼓勵未成年人的危險行為、或政府進行「社會評分（social scoring）」的系統等。
2. **高風險（High-risk）**：被認定為高風險的人工智慧系統，包含涉及到基礎且重要用途的應用，如重要基礎設施、教育或職業培訓、就業、員工管理、基本的私人和公共服務等。高風險的人工智慧系統上市前，將受到嚴格的管控約束。
3. **有限風險（Limited risk）**：即具有透明公開義務的AI

系統，在使用 AI 系統如聊天機器人時，使用者應意識到正在與機器互動，進而做出明智的決定。

4. **最小風險（Minimal risk）**：法規允許自由使用 AI 的電子遊戲，或垃圾郵件篩檢程式等應用。絕大多數的 AI 都屬於這個類別，由於這些系統對公民的權利或安全只構成最小或無風險，因此較不作干預。

三、2023 年全球首個《人工智慧法案》

經過兩年多的規範草案修改，歐盟推出《人工智慧法案》（Artificial Intelligence Act, AI Act），是全球首部全面規範 AI 的法律架構，於 2023 年 12 月 9 日由歐洲議會及歐盟部長會議達成重要政治協議，等待正式批准。

2024 年 3 月 13 日，歐洲議會大會通過全球首個《人工智慧法案》（E.U. AI Act），將根據風險高低來管理 AI 應用，並適用於所有在歐盟國家進行開發 AI 應用的業者，甚至包括設立於歐盟以外的企業。2024 年 5 月 22 日歐盟理事會正式通過 AI Act，並於 8 月 1 日起生效，至此完成全球第一部全面監管 AI 的法律。

AI Act 調整 2021 年的 AI 系統風險分類，分為最小風險、高風險、不可接受的風險，以及透明度風險。針對風險等級制

定簡要描述如下。

1. **不可接受的風險（Unacceptable risk）**：是指可操縱人類行為，影響人類自由意志的應用系統，此類系統將被禁止。
2. **高風險（High-risk）**：是指系統涵蓋公領域系統，如基礎關鍵設施、執法系統，或生物辨識與情緒辨識系統等，必須接受與遵守嚴格要求的管束措施。例如須詳實記錄系統活動、文件、作業紀錄等，具有人工監督或具備風險避免系統。
3. **最小風險（Minimal risk）**：大多數的 AI 應用系統屬於此類，例如推薦系統、垃圾郵件過濾機制、AI 電子遊戲等，相關供應商將不必承擔義務。
4. **特定透明度風險（Specific transparency risk）**：要求必須讓 AI 系統使用者，能夠辨識互動的對象或內容是否由 AI 提供；或對於沒有特定使用目的之「通用型 AI」（General Purpose AI），如 ChatGPT、Google 之類的模型或系統，要求須有一定透明度，包含公布訓練模型所用到的資料內容，且需遵守著作權法規。

法規中也規範業者，若未遵守將被懲處高額罰款，最高罰款可能為 3,500 萬歐元或年營收的 7%。一旦《人工智慧法案》正式上路，究竟會為相關業者帶來哪些影響，值得持續關注。

可信任 AI 之實現思維

從本章的探討，我們可以發現 AI 存在很多風險，且延伸到資安、道德、倫理層面，這些都是構成 AI 治理的基本因素，而可信任 AI 則是支持 AI 能被治理的基礎，顯示可信任 AI 的發展格外重要。可信任的過程需要透過指引、法規的約束，事實上，就 AI 治理的各個面向來看，治理的核心是人，因為是人在發展 AI、應用 AI，因此這些指引、法規實施的重中之重都是人。

以下是可信任 AI 實現的四個構面，所有人類都要一起努力，才能真正落實 AI 治理。

構面 1：重視資料治理，避免資料偏差造成不可信任

資料治理是可信任 AI 的基礎，資料偏頗不正確，自然就會生成不正確的 AI，企業必須建立資料治理的制度與觀念，打造發展 AI 的正向基礎。

構面2：重視開發規範，避免開發出不可信任的服務

AI應用開發過程需有指引及開發規範，引導開發者注意應用作法、符合指引及法規，以避免產生不適當的服務。企業或組織必須建立開發規範的文化，務求能夠具體落實。

構面3：重視評測機制，第三方評測機構建立信任心

AI應用發展後，應運用第三方的評測機構來測試系統，以避免問題發生，造成企業損失。

構面4：重視善良教育，透過教育發揚人的善良本質

從以上三個構面，可看出無論是資料治理、開發規範、評測機制，都是經由人才能實現，而人若沒有一顆善良的心，這些機制將很難真正落實，而且問題可能隱藏於AI系統深處，很難被挖掘出來。

事實上，未來AI的發展中，人的善良教育將是最基礎且最須重視的環節。透過基礎教育，將善良觀念深植於人心，成為生活規範與準則，是未來AI發展的重中之重。

隨著AI資訊安全、AI倫理學再到AI發展戒律、AI法規、可信任AI這些議題愈發重要，本章從多種構面來探討

「AI 治理」的內涵，每項構面皆持續產生新的問題與挑戰，促使人類不斷找尋新解方，使 AI 能夠被解釋，不會造成誤判或不公。而我們也認為，AI 治理的最高境界其實是「具有良善之心的自律」，畢竟規章有限，無法規範到所有行為，唯有人類秉持端正的認知，才能讓 AI 成為真正的福祉科技。

第十二章

AI 2.0 職能大變革

　　AI 的強勢發展已經導致許多人失業，隨著 2022 年生成式 AI 崛起，更讓許多人擔心自己未來工作即將不保。2023 年 7 月美國好萊塢出現 63 年來最大規模的罷工，編劇與演員紛紛走上街頭，誓言與 AI 抗爭到底，還沒受益於 AI，就已經因 AI 而產生焦慮症。

　　事實上，AI 對人類職業帶來衝擊的同時，也催生出許多新職業與新職務，究竟人類該如何因應 AI 新科技所帶來的衝擊？又該如何提升自身職能，搭上這波 AI 2.0 列車，我們將在本章詳細說明。

12-1　AI 2.0 的新失業與新職業

　　牛津大學（University of Oxford）馬丁學院團隊早在 2013 年，針對 702 種職業進行可能被自動化取代的風險分析，風險最高的前五名職業，也是最容易被自動化取代的職業，分別是電銷／客服人員（Telemarketers）、產權審核／概述／調查人（Title Examiners, Abstractors, and Searchers）、縫紉師（Sewers）、數學技術員（Mathematical Technicians），與保險業務受理人（Insurance Underwriters）。

　　而最不易被自動化取代的前五名職業是藝術治療家（Recreational Therapists）、第一線管理者（First-Line Supervisors）、緊急應變管理人（Emergency Management Directors）、心理諮商師（Mental Health and Substance Abuse Social Workers）與聽力師（Audiologist）。

　　事隔 10 年後的 2023 年 2 月，李開復以「ChatGPT 引發失業恐慌？這 20 種工作要避開！」一文，點出在 AI 2.0 世代下的 10 種「名存實亡」職業及「危機四伏」的 10 種工作，引起各界討論。

　　但 AI 2.0 不是只帶來失業危機，也創造新的職業機會，李開復進一步提出，AI 2.0 世代下的 20 種「高枕無憂」與

「有驚無險」的工作,即便 AI 2.0 浪潮來襲,依然能站穩腳步。

AI 浪潮下還有高枕無憂的工作嗎?

他認為能夠「高枕無憂」的 10 種工作,分別是心理醫生、治療師(職業治療、物理治療、按摩)、醫療護理人員、AI 研究員和工程師、小說作家、老師、刑事辯護律師、電腦工程師、科學家、管理者。而「有驚無險」的 10 種工作則是健身教練、養老護理員、房屋清潔工、護理師、樓房管理員、運動員、保姆／家政人員、導遊、人力資源、數據處理和標註。

這些最不易被自動化取代的職業特質,就是工作內容並非依照單一流程就能完成,而是需要人類透過情感與創意,因應當下情況做出判斷,這些都是目前機器人與 AI 無法做到的工作。

在 AI 1.0 時代,自動化加上智慧化,幫助產業提高效率,以致所需人力大幅下降,但也同時創造出更多的工作職缺。根據美國研究顧問公司 Gartner 在 2017 年的報告指出,直到 2020 年儘管有 180 萬個職位被 AI 取代,但 AI 同時也創造出 230 萬個工作機會,帶動整體工作機會的正成長。

至於國發會在 2019 年於行政院科技會報引述學者的研究指出，未來的 10 至 15 年，人工智慧科技發展會衝擊台灣 46% 的工作機會，到 2030 年相關人才缺口將達 8.3 萬人。然而，AI 的發展日新月異，進入 AI 2.0 世代後，對於工作職能與職缺的影響，更是難以精確估計和預測。

　　2023 年 5 月，世界經濟論壇（World Economic Forum）提出的「2023 年未來工作報告」（Future of Jobs Report 2023）指出，包含製造、消費品零售、運輸、媒體、娛樂和體育等產業共約 6.73 億個工作職位中，預計未來 5 年內，大約會增加 6,900 萬個工作職缺，但同時會有 8,300 萬個工作機會消失，整體淨減少 1,400 萬個工作機會。這也是首次觀察到因 AI 與科技的影響，造成職位減少的現象。

　　歐洲經濟政策研究中心 CEPR（Centre for Economic Policy Research）則在 2023 年 6 月提出「人工智慧對經濟增長和就業的影響」（The impact of artificial intelligence on growth and employment），其中針對「人工智慧的最新發展對未來十年高收入國家的失業有何影響？」提出看法。在歐洲小組 29 位專家當中，有 63% 認為未來十年內，AI 不會影響高收入國家的就業率，而有 27% 認為 AI 的發展將會增加高收入國家的失業率。值得注意的是，這項報告特別指出，有超過

一半的專家對 AI 未來影響經濟增長與失業率的預測表示缺乏信心，顯示 AI 對職業與職缺的改變，仍存在高度的不確定性。

駕馭 AI 免於失業恐懼

從這兩篇報告可看出，在 AI 2.0 世代，生成式 AI 逐漸被廣泛應用，AI 對職能與職缺的影響開始出現不同的變化，總體職位從過往的增加轉為減少，這是一個重要的訊息，而且影響將持續加劇，為就業帶來更大衝擊。

儘管 AI 對人類的職涯產生巨大衝擊，但同時帶來的益處也是相當可觀，更會帶動整體經濟成長。想把握這個機會的未來職場人才，除了要具備 AI 沒有的能力，也必須培養善用 AI 工作的能力。畢竟最有保障的職業排名中，可以看到工程師、電腦科學家、AI 演算法設計師等與 AI 相關的職業，顯示科技世代駕馭 AI 的重要性。

技術革新往往具有毀滅性與創造性，產業人工智慧化會創造新的人力需求，未來將是人與機器合作的工作環境，新的能力需求必具備資訊科技（Information technology，IT），以及與 AI 智慧系統溝通的專業知識與技能。新的勞力需求，就是必須具備非機器可取代的「人類技能」。

人的能力必須不斷移動到更需高度展現人類特質的領域，

這完全符合現今 AI 世代的概念,若不想被 AI 取代,人類就得發揮更高價值,這是每個人都必須要有的認知。

我們必須了解,AI 是用來幫助人類,而非取代人類;會善用 AI 的人,將取代不會使用 AI 者。不畏懼 AI、懂得與 AI 共同合作,才能在 AI 2.0 世代找到屬於自己的價值定位。

12-2　AI 2.0 下的職能變革

AI 進入產業,促使產業提高工作效率,創造更多智慧自動化科技,讓原本需要人類才能做的工作,可以由 AI 來完成或部分完成。AI 2.0 時代的來臨,讓智慧化系統具備生成能力,也表現出創造和創作能力,令產業的職位(Jobs)與職能(Job Function)產生巨變,需要使用新應用能力的工作不斷產生,被取代的工作同樣也持續增加,兩者的迭代更替,加速改變就業生態與職能。

以下說明 AI 發展所帶來的職能變革三大效應,來解析科技如何影響職場環境與職位。

職場變革三大效應

以下從 AI 產生的「階層排擠效應」、「階層移轉效應」、

圖 12-1　**階層排擠效應**

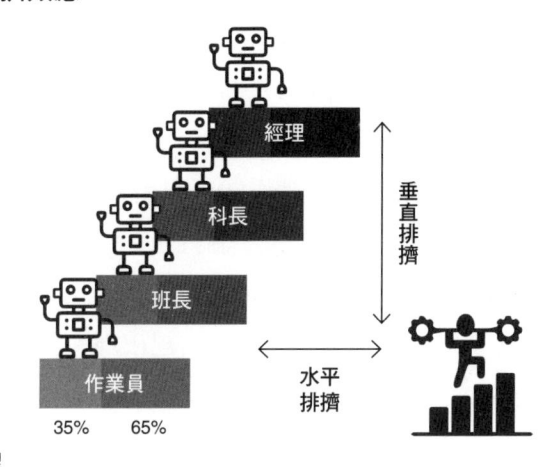

```
                    經理    ↕
                科長        垂直
            班長            排擠
        作業員               ↕
        35%    65%
              ↔
              水平
              排擠
```

資料來源：作者整理

「階層新職效應」三大效應，來說明 AI 衝擊下的職能變革過程，每個人都應及早思考因應之道。

1. 階層排擠效應

　　AI 智慧應用導入職場後，對於組織各階層都能給予協助，這也造成各階層職務的部份工作，都可能被 AI 智慧應用所取代。一旦原本的工作量減少，某些職員就必須延伸自身角色，比如承接其他同事的工作，或是爭取更高階職位的工作，此種現象稱之為「階層排擠效應」。

在資訊化發展，基層工作因自動化過程，已造成很多職務被取代；沒想到 AI 世代來臨，自動化進入智慧化，除了基層工作再次受影響，連中階或白領工作者也成為「受害者」。此現象代表 AI 的影響延伸到各階層，並且產生取代效應。

　　從圖 12-1 來看，假設作業員有 35% 的工作量會被取代，但對於業主來說，肯定不會讓只做 65% 工作的人卻給他全薪，或讓 35% 的人處於閒置狀態，因此出現裁員、人力縮減等情況。受影響的人員為了不讓自己出現在裁員名單上，勢必透過競爭來爭取留在同一職位或是同一階層的工作崗位，而做了原職位工作者的工作，這種現象就是「水平排擠效應」。

　　又或是員工透過進修強化自我能力，創造更高的附加價值，以爭取職務晉升，這就是與上層的工作者產生競爭，此現象稱之為「垂直排擠效應」。「水平排擠效應」及「垂直排擠效應」，形成了全面影響職位的「階層排擠效應」。

2. 階層移轉效應

　　當組織發生階層排擠效應時，若有部分員工既無法與同儕競爭，也無法提升自身價值拚晉升，就成為在現有職務上沒有適合的發展，而必須跨專業、跨業或跨領域學習與發展，此現象就是「階層移轉效應」。

圖 12-2　**階層移轉效應**

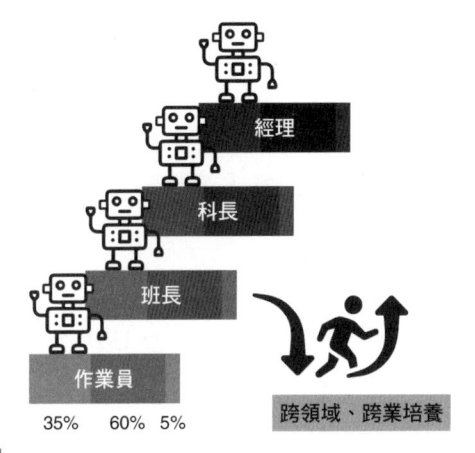

經理
科長
班長
作業員
35%　60%　5%
跨領域、跨業培養

資料來源：作者整理

　　圖 12-2 表示該員工無法在原職場領域發展，但不代表就此丟了工作，而是必須重新尋找個人價值，透過自我提升、進修或是培養其他領域技能，尋找新工作機會。

　　AI 趨勢所創造出來的新職缺，並非全部都需經過高等教育訓練的人才能勝任，像是資料標註這類工作，由於訓練 AI 模型需要大量的標籤資料，因此在這個領域需要很多人力，正好可以補足這個缺口。舉例來說，原本在工廠任職的裝配員，工作被智慧化機械取代後，這群裝配員可以透過培養 AI 資料標註的能力，而有機會在 AI 領域重新找到資料標註員的工作。

3. 階層新職效應

當職場環境發生愈來愈多的階層移轉效應，意味著有更多人必須尋找更高的附加價值及新技能、新領域的工作機會，這就是「階層新職效應」。以下可從「階層新職效應」的三大面向，即「人類本質的價值」、「新技能」、「新環境」三個角度來思索新職位的機會。

階層新職效應的價值

1. 人類本質的價值

人們應持續培養不易被取代的技能，強化職場競爭力，提高自身能力，創造更高價值。表 12-1 中，列出人類 21 種本質能力與應用方式，值得每個人持續培養與發揚。

挖掘與開發這些人類本質能力，比如愈複雜、愈有創意、愈具情感，以及愈高的跨領域整合的決策能力等等，都是不容易被取代的本質。在未來 AI 與人類共存的職場環境中，擁有這項獨有的本質就如同擁有強而有力的武器，也是固若金湯的防禦。

在世界經濟論壇「2023 年未來工作報告」中也提到，認知技能的重要性大增，這也反應出具備解決複雜問題的能力，

表 12-1　**人類 21 種本質能力與應用方式**

本質能力	應用方式
溝通、談判、創意	有創意的溝通與談判能力
美感、美學、藝術	培養藝術素養,將美感與美學融入工作
認知、歸納、複雜	提升認知歸納力,以處理更複雜的事物
好奇、社交、學習	好奇心與社交力,觸發更多學習力
韌性、靈活、敏捷	靈活與敏捷能力,適應多變環境更具韌性
創造、分析、整合	運用分析與整合能力,創造新思維
新創、多技能、跨領域整合	多技能與跨領域整合能力,新創更多事與物

已成為未來職場上必備技能之一。此外,報告中亦指出,「創造性思維」比「分析性思維」更加重要,無論是創造力或創新力,都將成為未來人們在職場上,能夠脫穎而出的致勝關鍵。

2. 新技能

自 2023 年生成式 AI 崛起,就業市場就出現許多前所未有的新職業。像是精通於與生成式 AI 進行引導對話的「提示工程師」(Prompting Engineer),又被稱為「詠唱師」的新職缺誕生;2024 年還有更多如「生成式 AI 導入工程師」的生成式 AI 新職務陸續出現。

表 12-2 **新領域職缺與工作**

領域	職缺與工作
資訊科技	數據分析師、資料科學家、大演算家、AI 設計師、AI 架構師、語意架構師、機器人訓練師、使用者介面設計師、使用體驗設計師、標註師、詠唱師、生成式 AI 導入工程師、生成式 AI 應用顧問、GAI 系統整合工程師等。
新產業	5G 產業、自駕車業、無人機駕駛、資安隱私、資料處理業、法律科技、新保險等。
新產品	智慧音箱、無人機、機器人、AIoT 等設計、開發、行銷、維護人才等。
新師資	面對新科技、新產品之講師、指導師、研究人員等。

新科技將創造出新應用，也延伸出新設計、開發、行銷、專案、維護新職務的人才需求，也需要更多新師資、研究人員等相繼投入，以因應新產業的快速發展。表 12-2 列出新職缺、新領域等工作，相信未來勢必會有更多新職務出現。

從以上的領域職業群與世界經濟論壇「2023 年未來工作報告」所提出的內容得知，資訊業對於 AI 科技人才的需求大增最為明顯，而新型態的保險業、法律科技業等產業，也會創造出更多的新職位。

3. 新環境

AI 是新科技工具,也是解決問題的方法,其中能解決的問題之一,就與環境有著緊密的關聯性。以台灣現今社會發展的新環境而言,可以從「超高齡社會」、「新數位經濟」、「ESG 推動」三個面向來觀察。

超高齡社會

台灣將於 2025 年進入超高齡化社會,同時面臨少子化危機。有鑑於老人照護議題已成為焦點,台灣目前也已相繼投入大量資源,研究醫療型機器人、老人健康監測、高齡照護服務等等。

此外,隨著機器人產業蓬勃發展,台灣也積極從工業型機器人往服務型機器人發展。在生成式 AI 快速發展下,老人陪伴聊天機器人也成為重點發展對象,未來銀髮經濟勢必會有更加多元且廣泛的應用與服務出現。

新數位經濟

歐洲經濟政策研究中心 CEPR 所提出的「人工智慧對經濟增長和就業的影響」報告中,提到大多數專家普遍認為 AI 是生產力和增長的引擎。麥肯錫全球研究所也預測,到 2030 年

約有 70% 的公司會採用至少一種 AI 技術，且有將近一半的大型企業可能會全方位使用 AI 技術。全球知名的資誠聯合會計師事務所（PwC）也預測，2030 年 AI 將使全球 GDP 增長約 14%。

近年來，金融科技逐漸與 AI 科技結合，像是區塊鏈（Block Chain）、虛擬貨幣（Virtual Currency）、非同質化代幣（NFT）等議題，台灣也搭上這波熱潮，許多大專院校實驗室都在研究股票預測準確度，網路上也有許多比特幣、狗狗幣等討論文章。

而在 Facebook 宣布改名為 Meta 後，積極投入元宇宙（Metaverse）發展，儘管因為生成式 AI 崛起，元宇宙顯得相形失色，似乎不如以往備受關注，但以科技發展的角度來看，生成式 AI 對元宇宙發展將會是一大助力。以經濟趨勢的角度來看，元宇宙議題其實是新經濟議題，人們在一個全新的沉浸式虛擬世界中互動、交流、交易，形成另外一種新經濟體，可望成為下一代數位經濟的新要角，顯見新數位經濟發展，是階層新職重要的一環。

在 AI 2.0 的加持下，無論是下一代網路搜尋技術、元宇宙技術、邊緣計算等，其發展都會更加迅速，未來的經濟環境勢必會創造出新型態市場，促使產業結構發生改變，進而加速

AI 2.0 數位轉型。而新應用需求也會如雨後春筍般出現,新工作所需的相關人力必定也會出現短缺,唯有觀察環境的新趨勢並快速因應,才能增加自身優勢。

ESG 推動

ESG 推動永續發展,成為各企業必須面對與投入的領域,也成為企業的經營要素,在世界經濟論壇提出的「2023年未來工作報告」中提及,未來產業新增職缺數最多的前兩名職業分別為 AI 與機器學習專家(AI and Machine Learning Specialists),以及永續專家(Sustainability Specialists),顯見永續科技專家,在未來產業將扮演舉足輕重的重要角色。

未來 AI 在 ESG 領域也愈發重要,包括大樓節能、智慧電網、雲端服務、碳足跡分析等應用發展,促使 AI 科技成為福祉科技。

事實上,透過資訊科技實現數位化,並運用 AI 達成有效減碳,已成為現今全球趨勢,「數位減碳」更成為業界積極推動的目標,未來「從減碳思維,往零碳思維前進」,以新科技手段來創造更多「零碳服務」也將成為趨勢。

「零碳服務」是指透過更便利的數位化服務,使人們能透過更方便的聯網設備,如手機、平板與網路連結,完成原本需

要面對面的服務申請、業務辦理等,而造就整個社會碳排減少的服務。就如金管會已開放金融業可以提供「遠端開戶、視訊對保」服務,金融業者運用視訊系統並整合客服中心系統,提供顧客遠地就能完成開戶或貸款對保,而能**減少人們交通往返、減少辦公空間、減少文書紙張、降低耗碳的生產消費循環**,對整體社會的碳排降低會有更大幫助,這就是從減碳、少碳思維再到零碳思維的進程。

AI 造成的職能變革三大效應,雖然會導致人與人之間互相工作排擠,無論是水平排擠或是垂直排擠,即便有些人會失去工作,但是 AI 所帶來的新職能效應,也能創造出更多新工作機會。這代表每個人的職務能力將被改變,學習新職務能力已成必然。

儘管 AI 迫使人不得不改變,但危機即是轉機,認清改變的本質,抓住新機會,必能在 AI 新職場中佔有一席之地。

12-3　產業變革的因應之道

除了職務類別,還有哪些人會受到 AI 的影響?2019 年布魯金斯學會(Brookings Institution)的研究報告「人工智慧會影響哪些工作」(What jobs are affected by AI?),指出

兩大結論。

其一，AI 對高學歷與高薪職位的影響較大，以教育程度來看，**擁有高中學歷的人，受影響的程度約為 4%，擁有大學或更高學歷的人，受影響的程度約 15% 至 21%**，顯示擁有較高學歷的群體，受人工智慧影響更大。其二，隨著機器學習不斷改變，AI 對職業的影響恐難以預估。

這份報告針對「人工智慧對薪資的影響程度」做進一步研究，發現薪資愈高的族群，受到的影響愈大，但在職級最高的職位如 CEO，其受到的影響程度反而較小。這也意味著，比起 CEO 這樣頂尖的決策者，中高階職位人士的薪資，更容易受到人工智慧的影響。

AI 正衝擊高學歷與高薪職位者

AI 對高學歷與高薪職位的影響較大，與一般人普遍的認知有很大的落差，認為人工智慧大多會取代工作重複度高、對教育程度要求較低的低薪職業構成威脅，比如結帳店員、生產線工人等基層工作。但事實上，低薪職業更可能被**自動化取代**，未必是 AI。

機器學習可廣泛視為 AI 的技術，意即 AI 技術仍在持續進步與發展，每次新的躍進都將為職場帶來新的衝擊，就如

2022 年的 ChatGPT 問世，生成式 AI 短短一年多就已在許多產業占據重要的工作角色，人們從生產者變成審核者，職務能力大為轉變。

又或 2024 年 2 月 OpenAI 發布 Sora 以文生影片服務，只要給予一段描述文字，就能生成出您期待的 1 分鐘高解析影片，讓我們驚嘆 AI 的無窮潛力，但這對影像工作者無疑是巨大衝擊。這種應用程式的爆炸式成長，正在不斷改變 AI 的性質和邊界，對未來的衝擊更加深各種不確定性。

進入 AI 2.0 世代，AI 技術突飛猛進，從過往必須透過資料特徵找出經驗，進化到可以廣泛從過往資料中，取得背後的人類智慧，將人類智慧系統化。

儘管 AI 對基層、中階與高階職業人員都造成一定程度的衝擊，但對中階職場人員的衝擊最大，因為基層從業人員的工作雖受影響，但相對較容易找到適合的新職務，所以衝擊較小。而中階管理者主要在於經驗的累積與傳承，當 AI 將人的經驗與智慧系統化，組織更容易傳承經驗，也更容易運用 AI 進行分析與決策，所以中階管理者相對容易被取代，但卻又不容易在其他領域具有經驗，造成轉職上的困難，也較難從基層學習做起，因此衝擊較大。

也就是說，在 AI 1.0 時代是有經驗的工作者受到取代的

衝擊，如領域的老師傅；在 AI 2.0 世代則是知識工作者或白領階級受到衝擊。事實上，AI 崛起也造成高階職業族群正在縮小，當有更多決策是透過 AI 來協助完成，只有真正掌握組織發展決策的少數高階人員不易被取代，其餘高階職務人員很可能被降為中階，或由 AI 協助完成。

　　面對 AI 大數據對職業的衝擊與影響，就如同先前所提，培養人類本質不易被取代的技能，以及人機協作的能力，並且敏銳分析環境變化，提前研究發展趨勢，才是最好的解方。未來的職場瞬息萬變，也因 AI 的快速發展產生不同面貌，因此我們必須持續累積新技能，以面對快速變化的職場環境，這也是我們在 AI 世代面對產業變革的因應之道。以下提出三大面向，提供強化自身職場能力的參考。

面向 1：面臨環境改變的對策

　　AI 科技不斷在改變我們所處的環境、產業面貌及人們的各種行為模式。我們必須加快腳步，強化自身適應未來的能力，在工作與職場上，應避免只專注在單一性質、缺乏互動，以及容易建立 SOP 的工作。

　　未來人類將在充滿多變的工作環境發揮所長，企業也必須要認知環境的快速改變，培養組織調適能力，以進行組織調

適、職務再造、職能規劃、職能落差訓練,進行新職務能力的建構與培養。

面向 2:了解未來所需

「關注未來,了解未來所需」將是組織或個人的重要能力,想要了解未來所需,就必須持續關注您所處產業的發展趨勢,仔細去感受未來的變化,而能提早準備與因應。

比如可以多方借助顧問公司或研究機構所發表的各種趨勢報告,如《Gartner 年度科技趨勢》、《CB insight AI 100 報告》、《CIO IT 經理人雜誌》的年度 CIO 大調查等,都有助於我們了解未來趨勢,進而培養未來社會環境所需的新能力。

未來各行各業必定都需要使用 AI 技術,**持續關注產業發展趨勢,具備多語言、跨業、跨界、跨國能力,發展社會需要的新能力,提升自身優勢,才是無懼未來變化的解方。**

面向 3:具備 AI 思維,是面對未來的基礎

具備科技能力是個人在職場上很重要的一環,包括 AI、雲端、大數據、機器人、金融科技等。未來的職場環境必定是 AI 與人類共存,培養科技能力,了解科技走向,才能知己知彼、百戰不殆。

具備 AI 思維，了解 AI 特質，每個人不一定要會做 AI，但都要學會用 AI。有了 AI 思維，就知道如何收集資料、提出對的問題，也能順利地與 AI 團隊合作，這絕對是面對未來挑戰最重要的基礎。

謝詞

榮貴致謝

最後本書也獻給我生命中最重要的家人,以及我 AI 學習道路上最重要的指導教授——淡江大學學術副校長許輝煌教授、國立陽明交通大學巨量資料技術創新研究中心主任曾新穆講座教授,以及淡江大學人工智慧技術與產業實驗室主任張志勇特聘教授。

三位老師在我學習數據分析、AI 技術、物聯網技術及實務應用上,都給予我極大指導與幫助,也亦師亦友地在我事業上給予很大幫助。

還有一位資訊學界前輩與長者,趙榮耀前監察委員、前淡江校長,在我博士研讀期間給我很多做學問、看事情及待人處世的指導,讓我更全面地看清事物本質,再次成長,我衷心感謝趙校長。

我太太王杏菲女士在我寫書期間也給我很大鼓勵與生活上的照顧,我女兒耘瑄、兒子耘睿與外甥泓翔也幫我預覽與校對文字。我忙碌於公司發展及 AI 技術產業推動,犧牲很多跟家

庭的相處，感謝太太的容忍與女兒、兒子的支持，在此我要特別感恩。

　　我也要再次特別感謝曾新穆老師，在百忙之中，願意在我寫書過程給予很多 AI 技術細節的指導，幫我看書稿，也能擔任本書的編審工作，這書能順利問世，曾老師扮演最重要的推手角色。還要感謝曾新穆老師實驗室團隊的維勻、孟晨、亦盛、廷恩、聖原等人提供的許多協助。尤其是許維勻博士的大力幫忙，他也是我許輝煌老師的同門師弟，在我撰寫本書過程給我很多細節的建議與協助。這些助力讓我能夠完整記錄這幾年推動 AI 的心得，我內心萬般感謝。

　　（謹將本書獻給我的家人、老師及好友。）

國家圖書館出版品預行編目（CIP）資料

AI 2.0 時代的新商業思維／張榮貴著. -- 第一版. -- 臺北市：天下雜誌股份有限公司, 2024.09
368 面；14.8 x 21 公分. --（天下財經；567）
ISBN 978-626-7468-52-4（平裝）

1. CST：人工智慧 2. CST：商業管理
3. CST：產業發展

312.83   113014107

天下財經 567

AI 2.0 時代的新商業思維

作　　者／張榮貴
封面設計／Javick Studio
內頁排版／中原造像股份有限公司
企劃編輯／方沛晶
責任編輯／葉惟禎（特約）、張齊方

天下雜誌群創辦人／殷允芃
天下雜誌董事長／吳迎春
出版部總編輯／吳韻儀
出　版　者／天下雜誌股份有限公司
地　　址／台北市 104 南京東路二段 139 號 11 樓
讀者服務／（02）2662-0332　傳真／（02）2662-6048
天下雜誌 GROUP 網址／http://www.cw.com.tw
劃撥帳號／01895001 天下雜誌股份有限公司
法律顧問／台英國際商務法律事務所・羅明通律師
製版印刷／中原造像股份有限公司
總　經　銷／大和圖書有限公司　電話／（02）8990-2588
出版日期／2024 年 9 月 25 日第一版第一次印行
　　　　　2025 年 4 月 11 日第一版第五次印行
定　　價／550 元

All rights reserved.

書號：BCCF0567P
ISBN：978-626-7468-52-4（平裝）

直營門市書香花園　地址／台北市建國北路二段 6 巷 11 號　電話／（02）2506-1635
天下網路書店 shop.cwbook.com.tw　電話／（02）2662-0332　傳真／（02）2662-6048

本書如有缺頁、破損、裝訂錯誤，請寄回本公司調換

天下 雜誌出版
CommonWealth
Mag. Publishing